Lecture Notes in Mathematics

A collection of informal reports and seminars
Edited by A. Dold, Heidelberg and B. Eckmann, Zürich

Series: Institut de Mathématique, Faculté des Sciences d'Orsay
Adviser: J. P. Kahane

259

Nicole Moulis

Université Paris-Sud, Centre d'Orsay – Mathématique,
Orsay/France

Structures de Fredholm sur les Variétés Hilbertiennes

Springer-Verlag
Berlin · Heidelberg · New York 1972

AMS Subject Classifications (1970): 57 A 20, 58 B 15, 58 G 05

ISBN 3-540-05789-7 Springer-Verlag Berlin · Heidelberg · New York
ISBN 0-387-05789-7 Springer-Verlag New York · Heidelberg · Berlin

Offsetdruck: Julius Beltz, Hemsbach/Bergstr.

INTRODUCTION

Le point de départ de ce travail a été les conférences données par J. EELLS, K. D. ELWORTHY et N. H. KUIPER au Congrès International des Mathématiciens à Nice en 1970 ([5] et [10]).

Les structures de Fredholm sur les variétés Banachiques s'introduisent naturellement dans l'étude des opérateurs elliptiques [11] . Une étude purement abstraite a été faite dans [7] . Mais le problème de la classification de ces structures sur une variété donnée n'y était pas résolu. Pour les variétés munies seulement d'une structure de classe C^{∞} les résultats prouvés dans [2] , [6] et [9] montrent que deux variétés hilbertiennes de classe C^{∞} homotopiquement équivalentes sont difféomorphes. La conjecture énoncée au Congrés de Nice en 1970 était que les structures de Fredholm de classe C^{∞} sur une variété hilbertienne sont classifiées par leur type d'homotopie tangentiel. J. EELLS et K. D. ELWORTHY donnaient un schéma de démonstration basé sur les résultats déjà démontrés dans [10] et sur le théorème très court mais fondamental de Douady [3]. Ils remarquaient aussi que cette conjecture est fausse dans le cas d'un espace de Banach quelconque (contre-exemple : $C([0,1])$).

C'est ce schéma que j'ai développé dans un cours de 3ème cycle à Orsay en 1971, en me limitant à l'étude de variétés purement abstraites. Ce cours, s'adressant à des étudiants n'ayant aucune notion sur les variétés de dimension infinie prend la théorie à son début et la développe jusqu'à la démonstration finale de la conjecture toutes les étapes étant explicitées sans qu'il soit nécessaire d'avoir recours à une bibliographie. Pour la clarté de l'exposé, je me suis limitée au cas des variétés de classe C^{∞} modelées sur un espace de Hilbert séparable. Grâce à l'introduction de métriques Finsleriennes, il semble facile suivant les méthodes de [8] d'étendre les démonstrations au cas des variétés modelées sur d'autres espaces (en particulier c_0).

Les notes de ce cours que j'ai moi-même rédigées constituent le présent travail.

Table des matières

CHAPITRE I

DEFINITION ET PROPRIETES FONDAMENTALES DES STRUCTURES DE FREDHOLM ET ETALEES SUR UN FIBRE VECTORIEL

Ce chapitre est un rappel de définitions et de propriétés démontrées dans le cadre plus général des espaces de Banach dans [7] et [9].

Dans toute cette étude E désignera un espace de Hilbert séparable de dimension infinie.

Nous désignerons par Id_E l'application identique de E dans E, par $E(r)$ la boule ouverte de rayon r de E.

I. RAPPELS D'ANALYSE LINEAIRE

Nous définissons les ensembles suivants d'applications linéaires de E dans E :

$L(E)$: Ensemble des applications linéaires continues de E dans E.

$J(E)$: Le sous-ensemble de $L(E)$ formé des applications de rang fini.

$C(E)$: Le sous-ensemble de $L(E)$ formé des applications f compactes : $\overline{(f(E(1))}$ est compacte.

$GL(E)$: Groupe des éléments inversibles de E.

$GL_C(E)$: Sous-groupe de $GL(E)$ formé des éléments de la forme $Id_E + \alpha$ où α appartient à $C(E)$.

Soit $GL_F(E)$ le sous-groupe de $GL_c(E)$ formé des éléments de la forme $Id_E + \alpha$ où α appartient à $J(E)$. Nous rappelons [10], sans démonstration que $J(E)$ est dense dans $C(E)$, $GL_J(E)$ n'est pas fermé dans $GL_c(E)$. Si T est un élément de $L(E)$ une $L(T)$ application (respectivement une $C(T)$ application) est une application de E dans E de la forme $T + \alpha$ où α appartient à $J(E)$ (respectivement à $C(E)$).

Définition 1.

Un élément T de $L(E)$ est un Opérateur de Fredholm si :

1) ker T est de dimension finie.

2) Coker T est de dimension finie.

Nous définissons l'indice $i(T)$ d'un opérateur Fredholm par :

$$i(T) = \text{dimension}\,(\ker(T)) - \text{dimension}\,(\text{coker}(T)).$$

Nous appelerons $\Phi(E)$ l'ensemble des Opérateurs de Fredholm de E dans E . $\Phi_n(E)$ le sous-ensemble de $\Phi(E)$ des opérateurs d'indice n .

Les propriétés suivantes des Opérateurs de Fredholm sont bien connues, nous rappelons leur démonstration pour mémoire :

Proposition 1.

L'application indice $i : \Phi(E) \to \mathbb{Z}$ est continue.

Démonstration.

Soit T un opérateur Fredholm.

Soit E_1 un supplémentaire de ker T .

Posons $T(E_1) = F_1 = T(E)$

Il existe un voisinage de T Ω dans $\Phi(E)$ tel que, quel que soit T' dans Ω, la restriction de T' à E_1 soit injective.

Posons $T'(E_1) = F'_1$

Posons $T'(E) = F'$

F'_1 est un sous-espace de codimension finie de F'.

Soit F'_2 un supplémentaire de F'_1 .dans F'.

Il existe un sous-espace E_2 situé dans le supplémentaire de $\ker T'$ tel que $T'(E_2) = F'_2$.

dimension E_2 = dimension F'_2

$E_2 \oplus E_1$ est un supplémentaire de $\ker T'$.

$$\dim(\ker T') = \dim(\ker T) - \dim E_2$$

$$\dim(\text{coker } T') = \dim(\text{coker } T) - \dim F'_2$$

Donc $i(T) = i(T')$.

<u>Proposition 2.</u>

Soit T un élément de $\Phi_n(E)$ α un élément de $C(E)$, $(T + \alpha)$ appartient à $\Phi_n(E)$.

<u>Démonstration.</u>

D'après la proposition 1 et la propriété de densité de $J(E)$ dans $C(E)$), il suffit de démontrer les deux points suivants :

1er point : $(T + \alpha)$ est un Opérateur de Fredholm.

2ème point : La proposition 2 est vraie si α est de rang fini.

Montrons le premier point.

Posons $E_2 = \ker(T + \alpha)$

Soit $\overline{E_2(1)}$ la boule unité fermée de E_2.

Soit $\{x_n\}$ $(n \in \mathbb{N})$ une suite de points de $\overline{E_2(1)}$ $T(x_n) = -\alpha(x_n)$.

De la suite $\{\alpha(x_n)\}$ nous pouvons extraire une suite $\{\alpha(x_{n_p})\}$ qui converge. ker T étant de dimension finie et $|x_n| < 1$, il existe une suite $\{x_{n_q}\}$ extraite de la suite $\{x_{n_p}\}$ qui converge : $\overline{E_2(1)}$ est compacte, $\ker(T + \alpha)$ est de dimension finie. On démontre de même qu'il existe un sous-espace E_1 de E de codimension finie qui soit supplémentaire de tous les espaces

$$\ker(T + \lambda\alpha) \ (\lambda \in [0,1])$$

$(T + \alpha)(E_1)$ est un sous-espace de codimension finie de E d'après la proposition 1.

$(T + \alpha)$ est un opérateur de Fredholm.

Le deuxième point est trivial à démontrer.

Proposition 3.

Tout opérateur de Fredholm d'indice 0 est la somme d'un opérateur inversible et d'un opérateur de rang fini.

Démonstration.

Soit T un opérateur de Fredholm d'indice 0 . Soit $E_2 = \ker T$, E_1 un supplémentaire de E_2

$$T(E_1) = F_1 = T(E)$$

T induit une bijection de E_1 sur F_1

$$\dim E_2 = \operatorname{codim} F_1$$

Soit F_2 un supplémentaire de F_1 .

Soit A une application linéaire bijective de E_2 sur F_2 .

Posons $u(x_1 , x_2) = (T(x_1), A(x_2))$

u est un opérateur inversible de E dans E

et Image $(T - u) \subset F_2$.

Proposition 4.

$\Phi_o(E)$ est l'ensemble des opérateurs inversibles, modulo les opérateurs compacts.

Démonstration.

Soit T un élément de $\Phi_o(E)$.

Il existe deux opérateurs T' et T'' , et deux opérateurs compacts α' et α'' tels que :

$$\begin{cases} (1) \quad T \circ T' = Id + \alpha' \\ (2) \quad T'' \circ T = Id + \alpha'' \end{cases}$$

$Id + \alpha'$ et $Id + \alpha''$ sont deux éléments de $\Phi_o(E)$. de

(1) nous déduisons $\dim \operatorname{coker}(T) \leqslant \dim (\operatorname{coker}(Id + \alpha'))$

(2) " " " $\dim \ker (T) \leqslant \dim (\ker (Id + \alpha''))$

Donc T est un opérateur de Fredholm.

De (1) nous déduisons $\dim(\operatorname{coker} T) \leqslant \dim (\ker T)$

De (2) " " " $\dim(\ker T) \leqslant \dim (\operatorname{coker} T)$

Donc T est un Φ_o - Opérateur.

La réciproque résulte de la proposition 3 .

Nous pouvons donc construire le diagramme fondamental suivant qui résume les résultats précédents.

$$\begin{array}{ccccccc}
GL_c(E) & \longrightarrow & C(E) & \longrightarrow & C(E) & \longrightarrow & C(E) \\
\downarrow i & & \downarrow j & & \downarrow j & & \downarrow \\
GL(E) & \longrightarrow & \Phi_o(E) & \longrightarrow & \Phi(E) & \longrightarrow & L(E) \\
\pi \downarrow & & \downarrow p & & \downarrow P & & \downarrow P \\
GL(E)/GL_c(E) & \longrightarrow & G_o & \longrightarrow & G & \longrightarrow & L(E)/C(E)
\end{array}$$

π est la projection de $GL(E)$ sur $GL(E)/GL_c(E)$ pour la structure multiplicative.

p est la projection de $L(E)$ sur $L(E)/C(E)$ pour la structure additive.

$$G = \Phi(E)/C(E) \qquad G_o = \Phi_o(E)/C_o(E) .$$

Proposition 5.

La fibration $L(E) \xrightarrow{p} L(E)/C(E)$ est une fibration triviale de fibre contractile.

Démonstration.

a) La contractibilité de $C(E)$ est évidente.

b) La trivialité de la fibration résulte du théorème de Michael [15] . Nous en redonnons une démonstration très simplifiée dans ce cas particulier.

Nous construisons par récurrence une suite de sections $s_n : L(E)/C(E) \to L(E)$, s_n vérifiant les propriétés a) b) c) suivantes :

a) $p \circ s_n = \text{Identité}$

b) s_n est 2^{-n} - continue

(quel que soit $\varepsilon > 0$, il existe α tel que

$|x - y| < \alpha$ entraîne $|s_n(x) - s_n(y)| < 2^{-n} + \varepsilon$)

c) $|s_n - s_{n-1}| < 2^{-n}$.

Si nous supposons construite la suite s_n , posons

$$s = \lim_{n \to \infty} s_n .$$

On vérifie que s est une section continue. Donc la fibration est triviale.

Construction de s_{n+1} à partir de s_n :

Nous définissons V ouvert de $L(E)$ par :

$$V = \bigcup_{x \in L(E)/C(E)} B(x)$$ où $B(x)$ est la boule ouverte de $L(E)$ de centre $s_n(x)$ de rayon $2^{-(n+2)}$.

Posons : $p(B(x)) = \Omega(x)$

$\Omega(x)$ est un ouvert et $\bigcup_{x \in L(E)/C(E)} \Omega(x) = L(E)/C(E)$. Il existe un recouvrement ouvert dénombrable localement fini (Ω'_i) $(i \in \mathbb{N})$ plus fin que le recouvrement par les ouverts $\Omega(x)$, soit (μ_i) $(i \in \mathbb{N})$ une partition de l'unité subordonnée au recouvrement par les ouverts (Ω'_i) choisissons dans chaque ouvert Ω'_i un point x_i et un élément $s_{i,n+1}(x_i)$ appartenant à $p^{-1}(x) \cap B(x_i)$

Posons $s_{n+1}(x) = \sum_{i \in N} \mu_i(x) \, s_{i,n+1}(x_i)$.

On vérifie que s_{n+1} est l'application cherchée.

Des propositions précédentes, nous déduisons les corollaires :

<u>Corollaire 1.</u>

$p(\Phi(E))$ est le groupe des éléments inversibles de $L(E)/C(E)$.

<u>Corollaire 2.</u>

$GL(E)/GL_c(E) = G_o$.

si $GL(E)$ est connexe, $p(\Phi_o(E))$ est la composante connexe de G et $\Phi_o(E)$ est homotopiquement équivalent à G_o .

<u>Corollaire 3.</u>

Si $GL(E)$ est contractile,

$(\Pi) : GL(E) \to GL(E)/GL_c(E)$ est un fibré universel pour les $GL_c(E)$ fibrés et $GL(E)/GL_c(E) = G_o$ est un espace classifiant.

Remarque : Toutes ces définitions et tous ces résultats sont valables dans le cas où E est un espace de Banach quelconque. Dans le cas où E est un espace de Hilbert, nous montrerons au chapitre suivant que $GL(E)$ est contractile.

II. FIBRES DE FREDHOLM ET FIBRES ETALES

Définition 2.

Soit X un espace topologique paracompact un fibré de Fredholm (respectivement un fibré étalé) de base X est un fibré vectoriel localement trivial de fibre E dont le groupe structural est $GL_c(E)$ (respectivement $GL_F(E)$).

Un morphisme f de fibrés de Fredholm (respectivement de fibrés étalés) est une application fibrée dont la restriction à chaque fibre est une $C(T)$ (respectivement $L(T)$) application de E dans E pour un élément T de $L(E)$ localement indépendant de la fibre. Si la base est connexe, T est indépendant de la fibre.

Un isomorphisme de fibrés Fredholm. (respectivement de fibrés étalés) est un morphisme inversible, dont l'inverse est aussi un morphisme de fibrés Fredholm (respectivement étalés). (Dans ces conditions, l'élément T appartient à $GL(E)$).

- une Φ_0-application fibrée f d'un fibré $(\pi)\,\mathcal{E} \xrightarrow{\pi} X$ sur un fibré $(\pi')\,\mathcal{E}' \xrightarrow{\pi'} X'$ est une application de $\mathcal{E}$ dans $\mathcal{E}'$ qui respecte les fibres $(f(\mathcal{E}_x) \subset \mathcal{E}_{x'})$ et dont la restriction à toute fibre $\mathcal{E}_x$ de (π) est un élément de $\Phi_0(E)$.

Nous remarquons que tout fibré étalé est canoniquement muni d'une structure de Fredholm.

Théorème 1.

Soit X un espace paracompact ; $(\pi)\,\mathcal{E} \xrightarrow{\pi} X$ un fibré vectoriel de base X.

(i) une Φ_0-application fibrée $f : \mathcal{E} \to X \times E$ induit sur (π) une structure de Fredholm unique $\{(\pi),f\}_c$ pour laquelle f est une $C(I)$ application fibrée.

(ii) Soit $(\pi)_c$ une structure de Fredholm sur (π), il existe une Φ_0-application fibrée $f : \mathcal{E} \to X \times E$, telle que $\pi_c = \{(\pi),f\}_c$.

(iii) Soient (π_i) $(\mathcal{E}_i \to X)$ $(i = 1,2)$ deux fibrés de base X et $f_i : \mathcal{E}_i \to X \times E$ deux Φ_o-application fibrées. $\{(\pi_1), f_1\}_c$ est équivalent à $\{\pi_2, f_2\}_c$ (comme fibrés de Fredholm) si et seulement si il existe un isomorphisme h de fibrés vectoriels tel que $f_2 \circ h$ et f_1 soient homotopes, par une homotopie dont le support est situé dans les Φ_o-applications fibrées.

(iv) Le théorème reste vrai si on remplace les structures de Fredholm par les structures étalées et les $C(E)$ applications par les $J(E)$ applications.

Démonstration.

(i) Soit $\tau_i : \Omega_i \to U_i \times E$ une trivialisation locale du fibré donné

$$f \circ \tau_i^{-1} : U_i \times E \to U_i \times E$$

D'après la proposition 3 il existe pour tout x de U_i un opérateur inversible $u_{i,x}$ et un opérateur compact $\alpha_{i,x}$ tels que :

$$\begin{aligned} f \circ \tau_i^{-1}(x,y) &= (x, u_{i,x}(y) + \alpha_{i,x}(y)) \\ &= (x, g_{i,x}(y)) \end{aligned}$$

Soit x_o un point de U_i, il existe un voisinage de x_o $V(x_o)$ tel que, quel que soit x dans $V(x_o)$, $(g_{i,x} - \alpha_{i,x_o}) = v_{i,x}$ soit inversible.

Posons pour tout x de $V(x_o)$ et tout y de E. $\theta_i(x,y) = (x, v_{i,x}(y))$

$\theta_i \circ \tau_i$ définit une trivialisation de $\pi^{-1}(V(x_o))$

$$\begin{aligned} f \circ \tau_i^{-1} \circ \theta_i^{-1}(x,y) &= (x, y + \alpha_{i,x_o} \circ v_{i,x}(y)) \\ &= (x, y + \beta_i(y)) \end{aligned}$$

et β_i est un opérateur compact.

Posons $\theta_i \circ \tau_i = \tau'_i$.

Supposons définie de même une autre trivialisation τ'_j de $\pi^{-1}(V(x'_o))$ telle que $V(x'_o) \cap V(x'_1) \neq \emptyset$. Calculons dans chaque fibre de son ouvert de définition $\tau'^{-1}_j \circ \tau'_i$

$$f \circ \tau'^{-1}_i = Id + \beta_i \qquad f = \tau'_i + \beta_i \circ \tau'_i$$

$$\tau'^{-1}_j \circ \tau'_i = \tau'^{-1}_j \circ f - \tau'^{-1}_j \circ \beta_i \circ \tau'_i$$

$$= Id + \tau'^{-1}_j \circ \beta_j \circ \tau'_j - \tau'^{-1}_j \circ \beta_i \circ \tau'_i .$$

$$= Id + \gamma_i$$

et γ_i est un opérateur compact.

Le même calcul montre l'unicité de la structure de Fredholm induite par f .

(ii) Soient (τ_j) $(j \in \mathbb{N})$ une famille de trivialisation de $\pi^{-1}(\Omega_j)$ pour la structure de Fredholm, telles que les (Ω_j) forment un recouvrement ouvert localement fini de X . Soit μ_j $(j \in \mathbb{N})$ une partition continue de l'unité subordonnée au recouvrement par les ouverts Ω_j .

Soit z un point de $\mathfrak{E}$. Posons :

$$f(z) = \sum_{j \in \mathbb{N}} \mu_j(p(z))\ \tau_j(z) \quad .$$

Supposons $z = \tau_i^{-1}(x,y)$

$$f \circ \tau_i^{-1}(x,y) = (x, \sum_{j \in \mathbb{N}} \mu_j(x)\ \tau_j \circ \tau_i^{-1}(y))$$

$$= (x, \sum_{j \in \mathbb{N}} \mu_j(x)\ (y + \alpha_{jix}\ (y))$$

Or $\alpha_{ji,x}$ est un opérateur compact.

$$f \circ \tau_i^{-1}(x,y) = (x,y + \alpha_{i,x}(y))$$

et pour tout x $\alpha_{i,x}$ est un opérateur compact.

(iii) Supposons $\{(\pi_1), f_1\}_c$ équivalent à $\{(\pi_2), f_2\}_c$.

Soient $\tau_j (j \in \mathbb{N})$ (respectivement τ'_j) une famille de trivialisations de $\pi_1^{-1}(\Omega_j)$ (respectivement de $\pi_2^{-1}(\Omega_j)$) pour les structures de Fredholm considérées. Par définition de l'équivalence, il existe un isomorphisme h de fibrés vectoriels et un opérateur T_j de $L(E)$ tels que ;

$$\tau_j \circ h \circ \tau_j'^{-1} = T_j + \gamma_j \quad (\gamma_j \text{ est un opérateur compact}).$$

Posons $\tau''_j = T_j \circ \tau'_j$.

τ''_j définit aussi une trivialisation locale de $\{(\pi_2), f_2\}_c$

$$\tau_j \circ h \circ \tau_j''^{-1} = Id + \gamma_j \circ T_j^{-1}$$

$$= Id + \gamma'_j \qquad \gamma'_j \text{ est un opérateur compact.}$$

Or il existe deux opérateurs compacts α_j et α''_j tels que :

$$\tau_j = f_1 - \alpha_j \qquad \text{et} \quad \tau''_j = f_2 - \alpha''_j \ .$$

$$(f_1 - \alpha_j) \circ h \circ (f_2 - \alpha''_j) = Id + \gamma'_j \ .$$

$$f_1 \circ h \circ \tau_j''^{-1} = Id + \gamma'_j + \alpha_j \circ h \circ \tau_j''^{-1}$$

$$f_1 \circ h = \tau''_j + \gamma'_j \circ \tau''_j + \alpha_j \circ h$$

$$= f_2 - \alpha''_j + \gamma'_j \circ \tau''_j + \alpha_j \circ h \ .$$

$$= f_2 + k_j$$

où k_j est un opérateur compact.

Considérons l'application $F : [0,1] \to \Phi_0(E)$

définie par : $F(t) = f_2 + tk_j$

$F(0) = f_2$ $\qquad$ $F(1) = f_1 \circ h$.

$f_1 \circ h$ et f_2 sont homotopes.

Réciproquement : Supposons $f_1 \circ h$ et f_2 homotopes. Soit F l'application de $[0,1]$ dans $\Phi_0(E)$ qui réalise l'homotopie.

Les fibrés (π_1) et (π_2) sont isomorphes par h .

Soit (π) le fibré de base $X \times I$ dont la restriction à $X \times \{0\}$ est $(h(\pi_2))$ et la restriction à $X \times \{1\}$ est (π_1) .

De F nous déduisons une Φ_0 application fibrée $\bar{F}$ de (π) dans $X \times I \times E$. $\bar{F}$ induit d'après (i) une structure de Fredholm sur (π) , donc d'après la théorie classique des fibrés, deux structures de Fredholm équivalentes sur $(h(\pi_2))$ et (π_1).

Or F coïncide avec f_1 sur $(h(\pi_2))$ et avec f_2 sur (π_1) .

Les structures de Fredholm induites par f_1 et f_2 sur $(h(\Omega_c))$ et (π_1) sont équivalentes. Donc les structures de Fredholm induites par $f_1 \circ h$ et f_2 sur (π_2) et (π_1) respectivement sont équivalentes.

(iv) En utilisant les propriétés des opérateurs de rang fini, les démonstrations sont les mêmes que précédemment :

Corollaire 4.

Tout fibré de Fredholm est équivalent (comme fibré de Fredholm) à un fibré muni d'une structure étalée.

III. APPLICATIONS A LA K-THEORIE

Dans ce chapitre nous mentionnons quelques applications des structures de Fredholm à la K-théorie des fibrés vectoriels. Pour plus de détails, nous renvoyons à [7].

E étant un espace de Hilbert considérons une base orthonormale (e_i) $(i \in \mathbb{N})$ de E.

Soit E_n l'espace engendré par les e_i $(1 \leq i \leq n)$

E^n " " " " " e_j $(j > n)$

La double suite (E_n, E^n) $(n \in \mathbb{N})$ est appelée un drapeau de E.

$\bigcup_{n \in N} E_n$ est dense dans E.

Nous identifions $GL(n)$ avec le sous-groupe de $GL(E)$ formé des opérateurs inversibles qui sont l'identité sur E^n et laissent E_n globalement invariant.

Il existe grâce à cette identification une inclusion naturelle de $GL(n)$ dans $GL(n+1)$

Posons $GL(\infty) = \lim GL(n)$

Soit i l'injection de $GL(\infty) \to GL_c(E)$.

Théorème 2.

i est une équivalence d'homotopie.

Pour une démonstration plus détaillée et des compléments nous renvoyons à [10].

Lemme 1.

L'inclusion naturelle $j : GL_F(E) \to GL_c(E)$ est une équivalence d'homotopie.

Il suffit, ces espaces étant des A.N.R. de démontrer que j induit pour tout n une bijection de $\pi_n(GL_F(E))$ dans $\pi_n(GL_c(E))$. Soit $[S^n, GL_F(E)]$

(respectivement $[S^n , GL_c(E)]$) les classes d'homotopie d'applications de S^n dans $GL_F(E)$ (respectivement de S^n dans $GL_c(E)$).

$$j_n^*[S^n , GL_F(E)] \to [S^n , GL_c(E)]$$

est une bijection : En effet toute classe d'homotopie (f) d'applications de S^n dans $GL_F(E)$ induit un fibré étalé sur $S^{n+1}\{(\pi)_{n+1} , f\}_F$. De même toute classe d'homotopie (f') d'application de S^n dans $GL_c(E)$ induit un fibré de Fredholm sur $S^{n+1}\{(\pi)_{n+1} , f'\}_c$.

Si $f' = j \circ f$, d'après le théorème 1 , ces deux fibrés sont équivalents et réciproquement. Donc j_n^* est une bijection.

<u>Lemme 2.</u>

L'inclusion $i' \; GL(\infty) \to GL_F(E)$ est une équivalence d'homotopie.

Soit X un espace topologique compact, A un fermé de X . Il suffit de montrer que toute application :

$$f': (X,A) \to (GL_F(E) \; , GL(\infty))$$

est homotope à une application f' :

$$f': (X,A) \to (GL(\infty) \; , GL(\infty))$$

et l'image de A par cette homotopie est dans $GL(\infty)$.

Par définition, quel que soit x dans X , il existe un opérateur α_x de rang fini tel que :

$$f(x) = Id + \alpha_x$$

Si x est un point de A il existe un entier p tel que $(Id + \alpha_x) \in i(GL(p))$

Considérons un recouvrement de X par une famille finie d'ouverts U_i $(i \in I)$ telle que $f(U_i)$ soit contenue dans un ouvert convexe de $GL(\infty)$.

Dans chaque U_i , nous choisissons un point x_i tel que si $U_i \cap A \neq \emptyset$ alors $x_i \in A$.

Soit $\{\mu_i\}$ $(i \in I)$ une partition de l'unité subordonnée au recouvrement par les ouverts U_i

Posons : $f_1(x) = Id + \Sigma\mu_i(x)\alpha_{x_i}$

$$f_1(X,A) \subset (GL_F(E)\ ,\ GL(\infty))$$

et d'après la condition de convexité, f_1 est linéairement homotope à f .

Il existe un entier m tel que $f_1(A) \subset i\ (GL(m))$. Soit F_1 l'espace engendré par E_m et les images d'opérateurs α_{x_i} $(i \in I)$. F_1 est un sous-espace de dimension finie de E .

Soit F_2 le sous-espace de E^m tel que $F_1 = E_m + F_2$. Posons $r = \dim F_2$.

Soit G_1 un supplémentaire de F_2 dans E_m

<u>f_1 est homotope à f_2 telle que quel que soit x la restriction à G_1 de $f_2(x)$ soit l'identité.</u>

Un point de E est déterminé par 3 composantes (u,v,w) $u \in E_m$, $v \in F_2$, $w \in G_1$

$f_1(x)\ (u,v,w) = (u + \alpha'_x(u,v,w),\ v + \alpha''_x(u,v,w),w)$ et α''_x est nul si $x \in A$

Pour $t \in [1,2]$ posons :

$$f_t(x)(u,v,w) = (u + (2 - t)\alpha'_x(u,v,w),\ v + (2-t)\alpha''_x(u,v,w),w)$$

f_2 est l'application cherchée.

<u>f_2 est homotope à f' et f' est un élément de $GL(m + r)$.</u>

Soit F_3 un sous-espace à F_2 contenu dans $E^m \cap E_{m+r}$. Soit T un isomorphisme de F_2 sur F_3 laissant fixe E_m et E^{m+r} , homotope à l'identité.

Posons $f'(x) = T\ f_2(x)\ T^{-1}$

On vérifie que f' est l'application cherchée.

Corollaire 5.

$$\pi_0(GL_c(E)) = \mathbb{Z}_2 \ .$$

Ce corollaire est très important car il permet de définir une orientation sur les variétés de Fredholm. Soit X un espace topologique paracompact, nous définissons $\widetilde{KO}(X)$ le foncteur représentable de la K-théorie réelle (Si $K(X)$ est le groupe de Grothendick des fibrés de base X, $\widetilde{KO}(X) = \text{Ker}\,(K(X) \to \mathbb{Z}))$ - $K_c(X,E)$ l'ensemble des classes d'équivalences de $GL_c(E)$ fibrés vectoriels localement triviaux de base X.

Corollaire 6.

Il existe une correspondance biunivoque entre $\widetilde{KO}(X)$ et $K_c(X,E)$.

Corollaire 7.

Si $GL(E)$ est contractile, il existe une bijection entre les classes d'homotopies d'application de X dans $\Phi_0(E)$ et $\widetilde{KO}(X)$.

L'application de $[X, \Phi_0(E)]$ dans $\widetilde{KO}(X)$ est l'application naturelle d'après le théorème 1 qui à toute classe d'homotopie (f) d'application de X dans $\Phi_0(E)$ associe une structure de Fredholm notée $\{X,f\}_c$ sur le fibré trivial $X \times E$. Cette application est appelée indice. Cette bijection est une conséquence de la suite exacte plus générale d'ensembles pointés

$$[X,GL(E)] \to [X, \Phi_0(E)] \to K_c(X,E) \to VB(X,E)$$

$VB(X,E)$ est l'ensemble des fibrés vectoriels de base X et de fibre E.

IV. METRIQUE RIEMANIENNE SUR UN FIBRE ETALE

Suivant Lang [13] , E étant un espace de Hilbert, soit $L^2_s(E)$ l'ensemble des formes bilinéaires continues symétriques sur E . Soit $(\pi)\ \mathcal{E} \to X$ un fibré étalé de base X et de fibre E . Nous définissons le fibré $(\pi^2_s) : \mathcal{E}^2_s \to X$, associé à (π), de fibre $L^2_s(E)$ et de base X .

Définition.

Une métrique Riemanienne g sur (π) est une section de (π^2_s) continue telle que, quel que soit x dans X , la forme quadratique associée à $g(x)$ soit définie positive.

Si r est une application continue de X dans $\mathbb{R}^+$, nous noterons $\mathcal{E}(r)$ l'ensemble z de $\mathcal{E}$ tels que

$$g(\pi(z)) \, . \, z < r^2(\pi(z))$$

(en identifiant $g(x)$ avec la forme quadratique associée).
Si $(\pi)\ X \times E \to X$ est un fibré trivial de base X , il existe sur (π) une métrique Riemanienne triviale g définie par :

$$g(x,y) = |y|^2 \, .$$

Dans ce cas particulier, si r est une application continue de X dans $\mathbb{R}$, nous noterons :

$$X(X)\ E(r) = \{(x,y) \ ; \ |y| < r(x)\} \, .$$

Proposition.

Il existe sur tout fibré de base X un espace paracompact , de fibre E , une métrique Riemanienne g .
En outre si le fibré est un fibré de classe C^∞ ayant pour base une variété X de classe C^∞ , la métrique g est de classe C^∞ .

Démonstration.

Soit (Ω_i , τ_i) $(i \in \mathbb{N})$ un système de trivialisations du fibré donné (π) $\mathfrak{E} \to X$ tel que les Ω_i forment un recouvrement ouvert localement fini de M . Sur le fibré trivial $(\pi^{-1}(\Omega_i) \to \Omega_i)$ nous pouvons définir une métrique g_i . Soit (μ_i) $(i \in \mathbb{N})$ une partition de l'unité subordonnée à ce recouvrement. Posons $g = \Sigma\, \mu_i g_i$.

L'ensemble des métriques Riemaniennes formant un cône convexe, g est une métrique Riemanienne.

Dans le cas où le fibré considéré est le fibré tangent TM à une variété de classe C^∞ M, la métrique g ainsi définie à l'aide de partitions de l'unité de classe C^∞ est de classe C^∞. Nous dirons par extension que g est une métrique Riemanienne sur M .

CHAPITRE II

CONTRACTIBILITE DU GROUPE LINEAIRE D'UN ESPACE DE HILBERT

Soit E un espace de Hilbert de dimension infinie, séparable ; nous démontrons le théorème suivant :

Théorème.

$GL(E)$: groupe des éléments inversibles de $L(E)$ est contractile (pour la topologie de la norme des opérateurs continus).

La démonstration que nous donnons est celle de [12] ; nous suivrons de très près la rédaction donnée dans [11] .

De ce théorème nous déduisons immédiatement 2 corollaires.

Corollaire 1.

Tout $GL(E)$ fibré $(\pi) : \mathcal{E} \xrightarrow{\pi} X$ de fibre E est équivalent à un fibré trivial.

Corollaire 2.

Tout $GL(E)$ fibré (π) $\mathcal{E} \xrightarrow{\pi} X$ de fibre E est équivalent à un $GL_c(E)$ fibré.

La démonstration du théorème se fait en plusieurs étapes (propositions 1,2,3).

Proposition 1.

$GL(n)$ est contractile dans $GL(E)$ pour tout entier n .

Démonstration.

Soit (e_i) $(i \in N)$ une base orthonormale de E . Cette base définit sur E un drapeau comme au chapitre 1 et une injection canonique i_n de $GL(n)$ dans $GL(E)$. Soit q la matrice dans une base orthonormale d'un élément de $GL(n)$. Dans toute la suite, nous identifierons les éléments du groupe linéaire et leur matrice dans la base (e_i) .

$$i_n(q) = \begin{pmatrix} q & 0 \ldots\ldots\ldots & 0 \ldots\ldots\ldots \\ 0 & \text{Identité} & \\ 0 & & \end{pmatrix}$$

Pour $t \in [0,\frac{\pi}{2}]$, soit cost et sin t les multiplications respectives par sin t et cos t dans $\mathbb{R}^n$.

Considérons dans $GL(2n)$ l'isotopie représentée par :

$$\Phi_t(q,t) = \begin{pmatrix} \cos t & \sin t \\ -\sin t & \cos t \end{pmatrix} \begin{pmatrix} q & 0 \\ 0 & 1 \end{pmatrix} \begin{pmatrix} \cos t & -\sin t \\ \sin t & \cos t \end{pmatrix} \begin{pmatrix} q^{-1} & 0 \\ 0 & 1 \end{pmatrix}$$

(q^{-1} est la matrice inverse de q , les matrices écrites sont des matrices $(2n \times 2n)$, les multiplications se font par blocs de matrices $(n \times n)$.

$$\Phi_0(q,0) = \begin{pmatrix} 1 & 0 \\ 0 & 1 \end{pmatrix}$$

$$\Phi_{\frac{\pi}{2}}(q,\tfrac{\pi}{2}) = \begin{pmatrix} q^{-1} & 0 \\ 0 & q \end{pmatrix}$$

En décomposant la matrice de $i_n(q)$ en bloc d'une matrice $(n \times n)$ et de matrices

$(2n \times 2n)$ nous obtenons :

$$i_n(q) = \begin{pmatrix} q & 0 & & \dots & 0 \dots \\ 0 & \begin{pmatrix} 1 & 0 \\ 0 & 1 \end{pmatrix} & & \begin{matrix} 0 \dots \\ 0 \dots \end{matrix} & \\ 0 & 0 & 0 & 1 \quad 0 & 0 \dots \\ & & 0 & 0 \quad 1 & \dots \end{pmatrix}$$

Or chacune des matrices $\begin{pmatrix} 1 & 0 \\ 0 & 1 \end{pmatrix}$ est isotope à $\begin{pmatrix} q^{-1} & 0 \\ 0 & q \end{pmatrix}$

Donc il existe une isotopie $\tilde{\Phi}$: telle que :

$$\Phi_0(q,0) = i_n(q)$$

$$\tilde{\Phi}_{\frac{\pi}{2}}(q,\tfrac{\pi}{2}) = \begin{pmatrix} \begin{pmatrix} q & 0 \\ 0 & q^{-1} \end{pmatrix} & \begin{matrix} 0 & 0 \dots \\ 0 & 0 \dots \end{matrix} \\ \begin{matrix} & 0 \\ 0 & 0 \end{matrix} & \begin{pmatrix} q & 0 \\ 0 & q^{-1} \end{pmatrix} \begin{matrix} \dots \\ 0 . \end{matrix} \\ \begin{matrix} 0 & 0 \end{matrix} & \end{pmatrix}$$

En regroupant deux par deux les matrices $(n \times n)$ situées sur la diagonale et en appliquant l'isotopie inverse de Φ nous prolongeons l'isotopie $\tilde{\Phi}$ à l'intervalle $[0,\pi]$ telle que :

$$\tilde{\Phi}_\pi(q,\pi) = Id_E \ .$$

$i_n(q)$ est dans $GL(E)$ isotope à l'identité.

Donc $GL(n)$ est contractile dans $GL(E)$.

Nous définissons l'espace $\ell_2(E)$ comme ensemble des suites $\{x_n\}$ $(n \in \mathbb{N})$ d'éléments de E telles que la série $\sum_{n\in\mathbb{N}} |x_n|^2$ soit convergente. $\ell_2(E)$ est naturellement muni d'une structure d'espace de Hilbert séparable.

Proposition 2.

GL(E) est contractile dans $GL(\ell_2(E))$.

Démonstration.

Soit i l'inclusion naturelle de E dans $\ell_2(E)$

$$i(x) = (x,0,0,\dots)$$

i induit une inclusion de GL(E) dans $GL(\ell_2(E))$.

En décomposant $\ell_2(E)$ en somme directe hilbertienne de sous-espaces isomorphes à E , nous pouvons appliquer le même raisonnement qu'à la proposition 1.

Le résultat en découle.

Soit S^n la sphère unité de $\mathbb{R}^n$.

Proposition 3.

Toute application continue de S^n dans GL(E) est homotope à une application constante.

Soit f une application continue de S^n dans GL(E) . Nous démontrons la proposition en construisant une suite finie d'applications homotopes à f .

Lemme 1.

Il existe une décomposition de E en somme directe hilbertienne de 2 espaces E' et E" (E" de dimension infinie) et une homotopie F $S^n \times I \to GL(E)$ telle que :

$$F|S^n \times \{0\} = f$$

$$F|S^n \times \{1\} = f_1$$

et pour tout s dans S^n $f_1(s)$ est l'identité sur E'' .

Démonstration.

1°) f est homotope à une application f' telle que $f'(S)$ soit contenu dans un complexe simplicial fini de $GL(E)$.

$GL(E)$ est un ouvert de $L(E)$.

$f(S)$ est un compact de $GL(E)$. Il existe un recouvrement de $f(S)$ par un nombre fini de boules de $L(E)$ $B_n(q_n , \rho_n)$ $(1 < n < N)$ de centre q_n de rayon ρ_n telles que

$$B_n(q_n,\rho_n) \subset GL(E).$$

Il existe une triangulation $\mathcal{C}$ de S , telle que, quel que soit le simplexe σ de cette triangulation, il existe un entier $n(\sigma)$ tel que :

$$f(\sigma) \subset B_{n(\sigma)}(q_{n(\sigma)} , \rho_n(\sigma))$$

Soit $\{v_j\}$ $(j \in J)$ ensemble fini) l'ensemble des sommets de la triangulation $\mathcal{C}$ de S . Chaque boule étant contractile, nous pouvons prolonger par linéarité sur chaque simplexe de $\mathcal{C}$ l'application f' définie sur les sommets de $\mathcal{C}$ par

$$f'(v_j) = f(v_j) \quad .$$

Sur chaque simplexe, f' est homotope à f donc globalement f' est homotope à f .

Soit N' le nombre d'éléments de J .

2°) Construction de E'' .

Nous construisons par récurrence

a) une suite infinie de sous-espaces A_i de E de dimension $N' + 2$ deux à deux orthogonaux.

b) une suite infinie de vecteurs a_i $(a_i \in A_i)$ deux à deux orthogonaux.

telles que f' soit homotope à une application f'_1 de S^n dans $GL(E)$ vérifiant la condition: quel que soit $s \in S^n$ et $k \in \mathbb{N}$:

$$f'_1(s)\ (a_k) \quad \text{est colinéaire à} \quad a_k \ .$$

Soit a_1 un vecteur unitaire de E.

Soit A_1 l'espace engendré par les vecteurs :

$$a_1 \ , \ f'(v_j)(a_1) \ (j \in J) \quad , \ a'_1$$

a'_1 vecteur unitaire orthogonal à a_1 et aux $f'(v_j)(a_1)$. A_1 est de dimension $N' + 2$.

Quel que soit s dans S $f'(s)\ (a_1)$ appartient à l'espace engendré par les $f'(v_j)\ (a_1)$ $(j \in J)$ donc est situé dans A_1 et orthogonal à a'_1.

Pour s fixé, $f'(s)\ (a_1)$ et a'_1 définissent un plan. Il existe dans ce plan une rotation $\rho_1(s)$ d'angle $\frac{\pi}{2}$ telle que :

$\rho_1(s)\ (f'(s)(a_1))$ soit colinéaire à a'_1.

De même a'_1 et a_1 définissent un plan.

Donc il existe une rotation $\rho'(s)$ du plan (a'_1 , a_1) telle que

$$\rho'_1 \circ \rho_1(s)(f'(s)(a_1))$$

soit colinéaire à a_1.

Chacune de ces rotations est homotope à l'identité par une homotopie qui laisse fixe les vecteurs orthogonaux à a_1, a'_1, $f'(s)(a_1)$. En composant ces deux homotopies, nous obtenons une homotopie $k_1(s,t)$ telle que :

- $k_1(s,t)(f'(s)(a_1))$ est colinéaire à a_1.
- Pour tout s $k_1(s,t)$ est l'identité sur le supplémentaire orthognnal de A_1.

Supposons par récurrence construits les sous-espaces $A_1 , \ldots , A_{i-1}$ et les homotopies $k_1 , \ldots , k_{i-1}$ telles que $k_{i-1}(s,t)(f'(s)(a_{i-1}))$ est colinéaire à a_{i-1} et $k_{i-1}(s,t)$ est l'identité sur le supplémentaire orthogonal de A_{i-1} .

Soit a_i un vecteur orthogonal à tous les A_k pour $1 \leqslant k \leqslant i-1$ et situé dans $(f'(v_j))^{-1}(A_K^{\perp})$ pour tout $j \in J$ et tout k $(1 \leqslant k \leqslant i-1)$. Ce choix est toujours possible car a_i est situé dans une intersection finie de sous-espaces de codimension finie.

Soit A_i l'espace engendré par :

$$a_i \ , \ f'(v_j)(a_i) \ (j \in J) \ , \ a_i'$$

où a_i' est un vecteur orthogonal à a_i et à tous les $f'(v_j)(a_i)$ à tous les A_k $(1 < k < i-1)$.

D'après les conditions sur A_i , on vérifie que A_i est orthogonal à tous les A_k pour $1 \leqslant k \leqslant i-1$ et nous pouvons de même que précédemment construire une homotopie $k_i(s,t)$ qui est l'identité sur le supplémentaire orthogonal de A_i et telle que $k_i(s,t)\ (f'(s)(a_i))$ est colinéaire à a_i .

Montrons que $k_i(s,t)$ est continue par rapport aux deux variables s et t , le module de continuité étant indépendant de i .

$$|k_i(s',t') - k_i(s,t)| \leqslant |k_i(s',t') - k_i(s',t)| + |k_i(s',t) - k_i(s,t)|$$

$$\leqslant |k_i(s',t')k_i^{-1}(s',t) - 1| + |k_i(s',t)k_i^{-1}(s,t) - 1|$$

$k_i(s',t')\ k_i^{-1}(s',t)$ est une rotation de A_i d'angle $\frac{\pi}{2}|t'-t|$ qui est l'identité sur un sous-espace de dimension N'.

Le premier terme peut donc être majoré uniformément par rapport à s' .

$k_i(s',t)\ k_i^{-1}(s,t)$ ou bien est l'identité, ou bien représente la composition de 2 rotations d'angles $(\frac{\pi}{2}\ t)$ et $(-\ \frac{\pi}{2}t)$ situés dans les plans engendrés par $f'(s)(a_i)$ et a_i' d'une part, $f'(s')(a_i)$ et a_i' d'autre part.

Soit α l'angle de ces deux plans (α est l'angle de $f'(s)(a_i)$ et de $f'(s')(a_i)$).

Soit $c = \sup|f'(s)|$ (c est indépendant de i).

D'après des résultats de géométrie en dimension 3.

$$|k_i(s',t)\, k_i(s,t) - 1| > 2 \times 2 \sin \frac{\alpha}{2}$$

$$|f'(s')(a_i) - f'(s)\,(a_i)| > 2c^{-1} \sin \frac{\alpha}{2}$$

et $$|f'(s')(a_i) - f'(s)(a_i)| < |f'(s') - f'(s)|_{GL(E)}$$

Donc $$|k_i(s',t')\, k_i^{-1}(s,t) - 1| < 2c\, |f'(s') - f'(s)|$$

$$< 2k|s' - s|$$

Donc il existe une homotopie continue $k(s,t)$ qui coïncide avec k_i sur chacun des sous-espaces A_i et telle que :

$k(s,t)\, f'(s)\,(a_i)$ est colinéaire à a_i pour tout i

Posons $k_i(s,1)(f'(s)) = f_1'(s)$

f_1' est homotope à f' et est l'application cherchée.

Soit E'' l'espace engendré par les vecteurs a_i ($i \in N$).

Soit E' le supplémentaire orthogonal de E''.

Montrons que f_1' est homotope à une application f_1 qui est l'identité sur E''.

Soient p' et p'' les projections orthogonales respectives sur E' et E''.

Posons : pour $t \in [1,2]$.

$f_t'(s) = [(2-t)f_1'(s) + (t-1)]p'' + f_1'(s) \,.\, p'$

$f_1'(s)$ est l'application déjà définie.

$f_2'(s) = p'' + f_1'(s).p'$.

Or $p'(a_i) = a_i$ $\qquad p''(a_i) = 0$.

Posons $f_2' = f_1$.

f_1 est l'application cherchée : est l'identité sur E" .

Lemme 2.

f_1 est homotope à une application f_2 telle que pour tout s $f_2(s)$ est l'identité sur E" et $f_2(s)$ laisse E' globalement invariant :

Posons : pour $t \in [1,2]$.

$$f_t(s) = (2-t)f_1(s) + (t-1)[p'' + p' f_1(s).p']$$

Pour $t = 1$ $f_1(s)$ est l'application déjà définie.

Pour $t = 2$ $f_2(s) = p'' + p' f_1(s).p'$.

si $x \in E'$ $p''(x) = 0$ $p'(x) = x$.

et $p'(f_1(s)(x))$ est situé dans E' .

Si $x \in E''$ $f_2(s)(x) = p''(x) = x$.

Fin de la démonstration de la propriété 3.

E" étant de dimension infinie, nous pouvons appliquer la proposition 2. La proposition 3 en résulte.

Fin de la démonstration du théorème.

GL(E) est un ouvert d'un espace métrique complet L(E) . Donc GL(E) est un "absolute neighborhood retract". (A.N.R.) d'après la théorie des A.N.R. [10] , GL(E) est dominé par un CW complexe. Tous les groupes d'homotopies de GL(E) étant nuls, GL(E) est contractile [12] .

CHAPITRE III

DEFINITION ET PROPRIETES FONDAMENTALES DES STRUCTURES DE FREDHOLM ET DES STRUCTURES ETALEES SUR UNE VARIETE HILBERTIENNE

Dans ce chapitre et dans tous les chapitres suivants, M désignera une variété paracompacte, séparable modelée sur l'espace de Hilbert E , de classe C^{∞} . (En particulier M admet des partitions de l'unité de classe C^{∞}). Nous noterons TM le fibré tangent à M .

Définition 1.

Une structure étalée sur M de classe C^{∞} est la donnée d'un atlas maximal (U_i , φ_i) ($i \in I$, I ensemble d'indice) tel que l'application $\varphi_j \circ \varphi_i^{-1}$: $\varphi_i(U_i \cap U_j) \to \varphi_j(U_i \cap U_j)$ soit de la forme $Id_E + \alpha_{ji}$ où l'image α_{ji} est localement contenue dans un espace de dimension finie.

Définition 2.

Soient M et N deux variété de classe C^{∞} munies chacune d'une structure étalée (V_i , φ_i) $(i \in I)$ et (V_j , ψ_j) $(j \in J)$ f une application de classe C^{∞} de M dans N ; f est un morphisme de variétés étalées si, sur tout ouvert où l'application $\psi_j \circ f \circ \varphi_i^{-1}$ est définie, on a $\psi_j \circ f \circ \varphi_i^{-1} = Id_E + X_{ji}$ où l'image de X_{ji} est localement contenue dans un espace de dimension finie.

Définition 3.

Une structure de Fredholm sur M de classe C^{∞} est la donnée d'un atlas maximal (U_i , φ_i) $(i \in I$, I ensemble d'indice) tel que $D_y(\varphi_j \circ \varphi_i^{-1}) = Id_E + \alpha_{ji}(y)$ $(y = \varphi_i(x))$ où $\alpha_{ji}(y)$ est pour tout y un opérateur complètement continu.

Définition 4.

Soient M et N deux variétés de classe C^∞ munies chacune d'une structure de Fredholm (U_i , φ_i) $(i \in I)$ et (V_j , ψ_j) $(j \in J)$, f une application de classe C^∞ de M dans N , f est un morphisme de structures de Fredholm si en tout point y au voisinage duquel l'application $\psi_j \circ f \circ \varphi_i^{-1}$ est définie on a :

$$D_y(\psi_j \circ f \circ \varphi_i^{-1}) = Id_E + X_{ji}(y)$$

où $X_{ji}(y)$ est un opérateur complètement continu.

Définition 5.

Soient M et N deux variété de classe C^∞ ; (V_i , φ_i) $(i \in I)$ et, (V_j , ψ_j) $(j \in J)$ deux atlas définissant la structure de classe C^∞ sur M et N respectivement. f une application de classe C^∞ de M dans N est une Φ_n-application si en tout point y au voisinage duquel $\psi_j \circ f \circ \varphi_i^{-1}$ est définie, $D_y(\psi_j \circ f \circ \varphi_i^{-1})$ est un opérateur Fredholm d'indice n .

(On vérifie que cette définition est cohérente, sans supposer que les structures sont des structures Fredholm).

Nous notons tout d'abord quelques propriétés évidentes, mais fondamentales.

1). Si M est munie d'une structure étalée, il existe sur M une structure Fredholm, telle que l'identité sur M soit un morphisme de structure de Fredholm.

2). Tout ouvert de E et plus généralement le produit d'un ouvert de E et d'une variété de dimension finie est muni d'une structure étalée.

3). Si M est munie d'une structure étalée (respectivement de Fredholm) TM est un fibré étalé (respectivement de Fredholm). En outre TM est une variété munie d'une structure étalée (respectivement de Fredholm).

4). L'espace total d'un fibré vectoriel ayant pour base une variété de classe C^∞ étalée ou de dimension finie admet une structure naturelle de variété étalée de classe C^∞.

Théorème 1. (Théorème d'existence).

Soit M une variété de classe C^∞ modelée sur E.

(i) Soit f une Φ_0-application de classe C^∞ de M dans E. Il existe sur M une structure étalée unique notée $\{M,f\}_L$ pour laquelle f est un morphisme de variété étalées (f est une $L(I)$ application).

(ii) Réciproquement si Σ_L est une structure étalée sur M, il existe une Φ_0-application

$$f : M \to E \qquad \text{telle que} \qquad \{M\ ,\ f\}_L = \Sigma_L$$

(iii) Ces assertions (i) et (ii) restent vraies en remplaçant "structure étalée" par "structure de Fredholm".

Démonstration.

1). Démonstration de (i) : Soit $(U_i\ ,\ \varphi_i)$ une carte au voisinage d'un point x_o de M.

Posons $y_o = \varphi_i(x_o)$

$D_{y_o}(f \circ \varphi_i^{-1})$ est un opérateur Fredholm d'indice 0. D'après le chapitre I, proposition 3 il existe un opérateur inversible u_o et un opérateur de rang fini α_o tels que :

$$D_{y_o}(f \circ \varphi_i^{-1}) = u_o + \alpha_o \quad .$$

Soit ω_o l'application : $\varphi_i(U_i) \to E$ définie par :

$$\omega_o(y) = f \circ \varphi_i^{-1}(y) - \alpha_o \cdot (y - y_o)$$

$$D_{y_o}\omega_o = u_o$$

ω_o est donc une application de classe C^∞ inversible dans un voisinage W_{y_o} de y_o et dans ce voisinage, on a :

$$f \circ \varphi_i^{-1} \circ \omega_o^{-1}(z) = z + \alpha_o \cdot (\omega_o^{-1}(z) - y_o)$$

L'image de $\omega_o(W_{yo})$ par $(f \circ \varphi_i^{-1} \circ \omega_o^{-1} - Id_E)$ est contenue dans un sous espace de dimension finie.

Posons $\omega_o^{-1}(W_{yo}) = V_o$

$$\omega_o \circ \varphi_i = \psi_o$$

(V_o , ψ_o) est une carte au voisinage du point x_o.

Supposons de manière analogue définie au voisinage d'un point x_1 une carte (V_1 , ψ_1). Supposons $V_o \cap V_1 \neq \emptyset$

$$\psi_1 = \omega_1 \circ \varphi_j$$

$$\psi_o \circ \psi_1^{-1} = \omega_o \circ \varphi_i \circ \varphi_j^{-1} \circ \omega_1^{-1}$$

or $\omega_o \circ \varphi_i = f - \alpha_o \circ \varphi_i$

$$\psi_o \circ \psi_1^{-1} = f \circ \varphi_j^{-1} \circ \omega_1^{-1} - \alpha_o \circ \varphi_i \circ \varphi_j^{-1} \circ \omega_1^{-1}$$

$$= Id_E + \alpha_1 \circ \omega_1^{-1} - \alpha_o \circ \varphi_i \circ \varphi_j^{-1} \circ \omega_1^{-1}$$

$= Id_E + \alpha_{o1}$ et l'image de α_{o1} est contenue dans un espace de dimension finie.

Donc si pour tout x, nous définissons (V_x , ψ_x) comme précédemment, l'ensemble de cartes (V_x , ψ_x) $(x \in M)$ est une structure étalée sur M ; notée $\{M , f\}_L$.

Soit (V' , ψ') une carte d'une structure étalée sur M telle que :

$f \circ \psi'^{-1} = Id + \alpha'$ (Image α' est contenue dans un sous-espace de dimension finie).

Le même calcul que celui fait pour $\psi_o \circ \psi_1^{-1}$ montre que sur tout ouvert où $\psi_x \circ \psi'^{-1}$ est défini on a $\psi_x \circ \psi'^{-1} = Id + \alpha'_x$ (et Image α'_x est contenue dans un sous-espace de dimension finie).
l'unicité de la structure $\{M,f\}_L$ est donc démontrée.

Démonstration de (ii).: Soit (U_i , φ_i) un atlas de M pour la structure étalée Σ_L tel que les (U_i) forment un recouvrement dénombrable localement fini. Soit μ_i $(i \in \mathbb{N})$ une partition de l'unité subordonnée au recouvrement par les ouverts U_i.

Posons $f(x) = \sum_{i \in \mathbb{N}} \mu_i(x) \varphi_i(x)$

Soit x_o un point de U_o

$$\varphi_o(x_o) = y_o$$

$$f \circ \varphi_o^{-1}(y) = \sum_{i \in \mathbb{N}} (\mu_i \circ \varphi_o^{-1}) \times \varphi_i \circ \varphi_o^{-1}(y)$$

$$D_y(f \circ \varphi_o^{-1}) = \sum_{i \in \mathbb{N}} D_y(\mu_i \circ \varphi_o^{-1}) \times \varphi_i \circ \varphi_o^{-1}(y) + \sum_{i \in \mathbb{N}} (\mu_i \circ \varphi_o^{-1})(y) \times D_y(\varphi_i \circ \varphi_o^{-1})$$

Or $D(\varphi_i \circ \varphi_o^{-1}) = Id_E + \alpha_{io}$

L'image de $D_y(f \circ \varphi_o^{-1}) - Id$ est située dans l'espace de dimension finie engendré par les points $\varphi_i \circ \varphi_o^{-1}(y)$ et l'espace image des α_{io} pour tous les indices i (en nombre fini tels que $\mu_i(y) \neq 0$). f est donc une Φ_o-application.

D'après l'unicité de la structure $\{M,f\}_L$ $\{M,f\} = \Sigma_L$.

Démonstration de (iii) : Les démonstrations sont exactement les mêmes que celles de (i) et (ii) utilisant les différentielles des applications au lieu d'utiliser les applications elles-mêmes.

Nous en déduisons immédiatement :

Corollaire 1.

Quelle que soit la structure de Fredholm Σ_F sur M , il existe une structure étalée Σ_L sur M Fredholm - compatible avec Σ_F .

Si f est une φ_o application de M dans E . On pose

$$\Sigma_L = \{M,f\}_L$$

Théorème 2. (Théorème d'intégrabilité).

Soit M une variété de classe C^∞ modelée sur E , et soit TM le fibré vectoriel de groupe structural $GL(E)$ tangent à M .

Soit $(\pi'') : \mathcal{E}'' \to M$ un $GL_c(E)$ fibré équivalent à TM comme $GL(E)$ fibré Il existe un $GL_c(E)$ fibré (π'') $\mathcal{E}'' \to M$ $GL_c(E)$ équivalent à (π') et une structure de Fredholm sur M telle que le fibré tangent à M pour cette structure soit (π'').

La démonstration est basée sur le lemme local suivant :

Lemme 1.

Soient $\Omega, \Omega_o, \Omega_1, \Omega_2$ quatre ouverts de E tels que $\bar{\Omega}_o \subset \Omega_1 \subset \bar{\Omega}_1 \subset \Omega_2 \subset \Omega$. Soit f une application de classe C^∞ définie sur Ω à valeurs dans E , vérifiant les propriétés suivantes :

i) la restriction de f à Ω_2 est une Φ_o-application.

ii) il existe une application continue $h : \Omega \to \Phi_o(E)$ telle que en tout point x de $\bar{\Omega}_1$ $h(x) = D_x f$

Conclusion. - Il existe une application $\bar{f}$ de classe C^∞ définie sur Ω à valeurs dans E telle que :

(i) $\bar{f}$ est une Φ_o-application.

(ii) sur Ω_o , $\bar{f}$ coïncide avec f .

(iii) L'application $D\bar{f} = \Omega \to \Phi_o(E)$ est homotope à h par une homotopie constante sur $\bar{\Omega}_o$.

Démonstration du lemme 1.

Construction de $\bar{f}$. Considérons un recouvrement dénombrable localement fini de Ω par des ouverts $V_i (i \in \mathbb{N})$

tels que : $\begin{cases} \Omega_o \subset V_o \subset \Omega_2 \\ \Omega_o \cap V_i = \emptyset \quad \text{si} \quad i \geq 1 . \end{cases}$

Soit (μ_i) $(i \in \mathbb{N})$ une partition de l'unité de classe C^∞ subordonnée au recouvrement par les ouverts V_i . Soit $\{x_i\}_{i \in \mathbb{N}}$ une famille de points de Ω tels que $x_i \in V_i$. Nous définissons une application $\bar{h} : \Omega \to \Phi_o(E)$

$$\underline{\bar{h}(x) = \mu_o(x)\, D_x f + \sum_{i=1}^{\infty} \mu_i(x)\, h(x_i)}$$

$\Phi_o(E)$ est localement convexe.

Soit w_x un voisinage connexe de $h(x)$ $h^{-1}(w_x) = W_x$ est un voisinage de x . Soit W_j $(j \in \mathbb{N})$ un recouvrement dénombrable extrait du recouvrement par les ouverts W_x . D'après l'appendice, nous pouvons choisir le recouvrement par les ouverts V_i de sorte que quel que soit i , il existe $j(i)$: Etoile $V_i \subset W_{j(i)}$ Avec cette condition quel que soit x il existe un convexe de $\Phi_o(E)$ contenant $\bar{h}(x)$ et $h(x)$: $\bar{h}$ est homotope à h .

Posons $$\underline{\bar{f}(x) = \mu_o(x)\, f(x) + \sum_{i=1}^{\infty} \mu_i(x)\, \bar{h}(x_i)\, .\, x}$$

$D_x \tilde{f} = \bar{h}(x) + g(x)$

$$\text{et} \quad g(x) = (D_x \mu_o)\, f(x) + \sum_{i=1}^{\infty} (D_x \mu_i)\, h(x_i) \,.\, x$$

$g(x)$ est une somme finie d'applications de rang 1, donc $g(x)$ est de rang fini : $D_x \tilde{f}$ est un élément de $\Phi_o(E)$.

Quel que soit t ($t \in [0,1]$) $\bar{h}(x) + tg(x)$ est un élément de $\Phi_o(E)$:

$D\tilde{f}$ est homotope à $\bar{h}$ donc à h à travers les applications de Ω dans $\Phi_o(E)$.

On vérifie que l'homotopie est constante sur Ω_o.

Fin de la démonstration du théorème 2.

D'après le chapitre 1 théorème 1, il existe une Φ_o-application fibrée $\eta : TM \to M \times E$. Soit π la projection de TM sur M. Nous allons construire une Φ_o-application $f : M \to E$ telle que l'application $\tau f : TM \to M \times E$ définie par $(\tau f)(v) = (\pi(v), D_{\pi(v)} f.v)$ soit homotope à η.

Soit (U_i, φ_i) un atlas de M, telsque les U_i forment un recouvrement dénombrable localement fini. Posons $\varphi_i(U_i) = \Omega_i$ l'application η induit une Φ_o-application fibrée $\eta_i : \Omega \times E \to \Omega_i \times E$; η induit une application $h_i : \Omega_i \to \Phi_o(E)$.

Soit x_o un point de Ω_o, appliquons le lemme 1 à l'application $h_o \Omega_o \to \Phi_o(E)$ en considérant l'ouvert Ω_2 vide.

Nous définissons ainsi une Φ_o-application $\hat{f}_o\ \Omega_o \to E$ et $D\hat{f}_o$ est homotope à h_o.

Posons $f_o = \hat{f}_o \circ \varphi_o$ $\quad f_o : U_o \to E$ et (τf_o) est homotope à η.

Soit (V_i) $(i \in \mathbb{N})$ un recouvrement de M localement fini tel que $\bar{V}_i \subset U_i$.

Par induction supposons définie sur $U_o \cup \ldots \cup U_n$ une Φ_o-application $f_n U_o \ldots U_n \to E$, telle que (Tf_n) soit homotope à η .

Posons $\hat{f}'_n = f_n \circ \varphi_{n+1}$

$\hat{f}'_n$ est définie sur un ouvert de Ω_{n+1} . Appliquons à $\hat{f}'_n$ le lemme. Nous en déduisons une Φ_o-application $\hat{f}_{n+1}$ qui coincide avec $f_n \overset{\text{sur}}{\vee} \varphi_{n+1}((\bar{V}_o \cup \ldots \cup \bar{V}_n) \cap U_{n+1})$, , et telle que $(D\hat{f}_{n+1})$ soit homotope à h_{n+1} . Posons $f_{n+1} = \hat{f}_{n+1} \circ \varphi_{n+1}$. (τf_{n+1}) est homotope à η . Le recouvrement par les ouverts V_n étant localement fini, la suite f_n se stabilise au voisinage de tout point.

Posons $f = \lim_{n \to \infty} f_n$ τf est homotope à η

D'après le théorème 1 (iii) il existe sur M une structure Fredholm $\{M,f\}_c$ pour laquelle f est une application Fredholm de M dans E . Soit $(\pi'') : \xi'' \to M$ le $GL_c(E)$-fibré tangent à M muni de la structure $\{M,f\}_c$ (π'') représente la structure Fredholm induite sur τM par la Φ_o-application (τf) (d'après les constructions de π'' et de $\{M,f\}_c$) (π') représente. La structure Fredholm induite sur TM par η , η et (τf) étant homotopes les fibrés (π') et (π'') sont $GL_c(E)$ équivalents.

Corollaire.

Toute variété paracompacte, M, séparable modelée sur E admet une structure de Fredholm et une structure étalée.

$GL(E)$ étant contractile, TM est équivalent à un $GL_c(E)$ fibré , donc il existe une Φ_o-application $\eta : TM \to M \times E$.

Nous démontrons maintenant, suivant Smale [11] , la propriété fondamentale des applications de Fredholm relative à la transversalité.

Théorème 3.

Soient M et N deux variétés de classe C^{∞} modelées sur E , f une application de Fredholm de M dans N de classe C^{∞} , l'ensemble des valeurs régulières de f est dense dans N .

Démonstration.

La topologie de M étant à base dénombrable et N étant un espace métrique donc de Baire, il suffit de démontrer que tout point x_o de M admet un voisinage $\Omega(x_o)$ tel que le complémentaire dans N de l'ensemble des valeurs critiques de la restriction de f à $\Omega(x_o)$ soit un ouvert dense.

Nous démontrons tout d'abord une proposition qui sera aussi très utile dans la suite des démonstrations.

Proposition 1.

Une application de Fredholm est localement propre.

(une application est localement propre si l'image inverse d'un compact est localement compacte.

Démonstration.

Soient U et V deux ouverts de E f une application de Fredholm de U dans V .

Soit x_o un point de U .

Soit $E_2 = \operatorname{Ker} Df(x_o)$ $F_1 = \operatorname{Image} Df(x_o)$.

Soit E_1 un supplémentaire de E_2 .

Il existe un voisinage $\Omega(x_o)$ de x_o dans U tel que la restriction à E_2 de la différentielle de f en tout point x de $\Omega(x_o)$ soit injective. $\Omega(x_o)$ contient un voisinage de x de la forme $D_1 \times D_2$ où D_1 est un ouvert de E_1 , D_2 est un ouvert de E_2 . E_2 étant de dimension finie, nous pouvons choisir D_2 compact. D'après le théorème des fonctions implicites si $x_2 \in D_2$ la restriction de f à

$D_1 \times \{x_2\}$ est un homéomorphisme sur son image.

Soit $\{x^i\}(x^i = (x_1^i , x_2^i))$ une suite de points de $D_1 \times D_2$ telle que la suite $f(x^i)$ soit convergente vers un point y .

D_2 étant compact, nous pouvons supposer (quitte à extraire une sous-suite) que $\lim_{n\to\infty} x_2^i = x_2$.

$$\text{Or} \quad \lim_{i\to\infty} f(x^i) = \lim_{i\to\infty} f(x_1^i , x_2) = y \ .$$

La restriction f à $D_1 \times \{x_2\}$ étant un homéomorphisme, la suite $\{x_1^i\}$ est convergente.

Donc la restriction de f à $\bar{D}_1 \times D_2$ est propre.

Fin de la démonstration du théorème 3.

En utilisant un système de cartes locales au voisinage d'un point x_o de M et de $f(x_o)$ nous pouvons nous ramener au cas où f est une application de Fredholm d'un ouvert U de M dans un ouvert V de N .

Nous utilisons les mêmes notations que dans la proposition 1 .

Soit V' un voisinage de $f(x_o)$ dans E montrons qu'il existe dans V' une valeur régulière de f .

Soit π la projection de E sur E/F_1 - considérons la restriction $\bar{f}$ de $\pi \circ f$ à $\{x_1^o\} \times E_2$ (x_1^o est la composante de x_o suivant E_1).

E/F_1 et E_2 étant de dimension finie, nous pouvons appliquer le théorème classique de Sard . Il existe dans $\pi(U_1)$ une valeur régulière de $\bar{f}$
Soit y un point de $\pi^{-1}(z) \cap U$, on vérifie que y est valeur régulière de f .

L'ensemble des points critiques de f étant fermé et l'application étant localement propre, on en déduit le théorème 3.

Corollaire 3.

Soit f une application de Fredholm d'indice n de M dans N, M et N étant munies d'une structure étalée, g un plongement d'une variété N' de dimension finie dans N. Il existe une approximation de g, $\hat{g}$ au sens de la C^1-topologie, telle que f soit transversale à $\hat{g}(N')$.

Démonstration.

D'après les techniques classiques utilisées pour les théorèmes de transversalité [11], il suffit de démontrer le théorème localement :

Montrons que quel que soit $y_0 \in N'$ et quel que soit $\varepsilon > 0$, il existe un voisinage W_1 de y_0 dans N' et un plongement $\hat{g}$ de N' dans N tels que :

pour tout y $|g(y) - \hat{g}(y)| < \varepsilon$, $|D^1 g(y) - D'\hat{g}(y)| < \varepsilon$ et f est transversale à la restriction de $\hat{g}$ à W.

Considérons une carte locale de N au voisinage de $g(y_0)$ de la forme $(V_1 \times V_2)$ et un voisinage W de g_0 dans N' tel que $g(W) = \{0\} \times V_2$.
Soit dans cette carte locale π_1 la projection sur V_1 parallèlement à V_2.

Considérons l'application $\pi_1 \circ f$. V_2 étant un ouvert d'un espace de dimension finie et f étant une application de Fredholm, $\pi_1 \circ f$ est une application de Fredholm.

Il existe dans V_1 une valeur régulière z_0 de $\pi_1 \circ f$ telle que $|z_0| < \varepsilon'$.

Posons $\hat{g}(y) = g(y) + \varphi(y) z_0$

où φ est une application de classe C^∞ de N' dans $[0,1]$ telle que $\varphi = 0$ en dehors de W et $\varphi = 1$ au voisinage de y_0.

Si $\sup_{y \in W} |D\varphi(y)| \times \varepsilon' < \varepsilon$, on vérifie que $\hat{g}$ est l'application cherchée.

Quelques notations et définitions qui seront utilisées dans la suite.

Les définitions sont celles données par Lang dans [13]

Définition 6.

Soit M une variété modelée sur E munie d'une structure étalée. Une isotopie étalée Φ de M est une application de classe C^∞ de $M \times \mathbb{R}$ dans $M \times \mathbb{R}$ telle que :

1) $\Phi(x,t) = (\Phi_t(x),t)$

2) Φ_o = Identité de M.

3) Quel que soit t Φ_t est un difféomorphisme étalé de M de classe C^∞.

4) $\Phi_t = \Phi_o$ si $t \leqslant 0$ $\Phi_t = \Phi_1$ si $t \geqslant 1$.

(Nous disons aussi que Φ est une $L(I)$ -isotopie.

Composition des isotopies.

Soit Φ' et Φ deux isotopies étalées de M.

Nous définissons l'isotopie $\Phi' \circ \Phi$ comme

$\Phi' \circ \Phi(x,t) = (\Psi_t(x),t)$

où
$$\begin{cases} \Psi_t(x) = \Phi_{2t}(x) & \text{si } t < \frac{1}{2} \\ \Psi_t(x) = \Phi'_{2t-1} \circ \Phi_1(x) & \text{si } t > \frac{1}{2} \end{cases}$$

On vérifie que $\Phi' \circ \Phi$ est une isotopie étalée.

Souvent nous nous bornerons à construire les applications Φ_t pour $0 < t < 1$ le prolongement à une application de $M \times R$ dans $M \times R$ se faisant trivialement en dehors de $[0,1]$ en lissant, suivant $M \times \{0\}$ et $M \times \{1\}$.

CHAPITRE IV

DIFFEOMORPHISMES ETALES FONDAMENTAUX

Dans ce chapitre nous donnons deux exemples fondamentaux de difféomorphismes étalés qui seront utilisés dans la suite de démonstration.

1). Le difféomorphisme de Bessaga : E est difféomorphe à $E - \{0\}$.

Ce difféomorphisme a tout d'abord été trouvé par Bessaga [1] suivant une idée topologique de Klee. Dans cet exposé nous modifions un peu la présentation due à Kuiper de manière à obtenir un difféomorphisme étalé et non seulement Fredholm (ce qui, pour des raisons techniques de démonstration nous sera utile dans la suite).

2). Le difféomorphisme de Douady : Equivalence étalée de 2 boules de rayons différents. Les applications de ce théorème aux voisinages tubulaires joueront un rôle essentiel dans la suite (chapitre VI et VIII).

I. DIFFEOMORPHISME DE BESSAGA

Théorème 1.

Soit $E(r)$ la boule de centre 0 et de rayon r de E . Il existe un difféomorphisme de classe C^∞, $\varphi : E - \{0\} \to E$ qui est l'identité en dehors de $E(r)$ et tel que $(\varphi - id)$ soit localement contenu dans un espace de dimension finie.

Démonstration.

Un point de E, x, est représenté par une suite de nombre réels

$$x = \{x_1 ,\dots, x_n ,\dots) ; \sum_{n\in\mathbb{N}} x_n^2 < \infty\}.$$

Soit ε un nombre > 0 qui sera choisi ultérieurement

Soit $E_o = \{x ; x = (x_1 ,\dots, x_n ,\dots) ; \sum_{n\in\mathbb{N}} (\frac{\varepsilon x_n}{n2^n})^2 < \infty\}$.

E_o est un espace de Hilbert pour la norme $| \;|_o$ défini par :

$$|x|_o^2 = \sum_{n\in\mathbb{N}} (\frac{\varepsilon x_n}{n2^n})^2$$

Il existe un plongement canonique i de E dans E_o ; $i(E)$ n'est pas fermé dans E_o .

Soit α_n une application de classe C^∞ de $[0,1]$ dans $[0,1]$ monotone croissante.

$\alpha_n(t) = 0 \qquad t \leqslant \frac{1}{2n}$

$\alpha_n(t) = t \qquad t \geqslant \frac{1}{n}$

$|\alpha_n'(t)| < 3$.

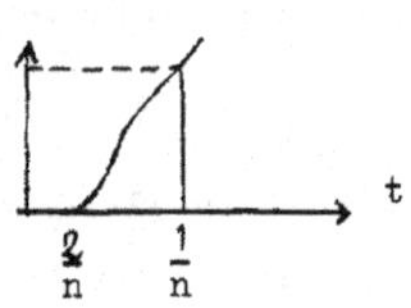

considérons la courbe p_1 de classe $C^\infty : [0,1] \to E_o$ définie par :

$$p_1(t) = (\alpha_1(t) , \alpha_2(t^2) ,\dots, \alpha_n(t^n),\dots)$$

$\alpha_n(t^n) < t^n$ et quel que soit t il existe N_t tel que quel que soit $n > N_t$ $\alpha_n(t^n) = 0$.

Donc si $0 \leqslant t < 1$ $\quad p_1(t)$ est situé dans $i(E)$.

si $t = 1$ $\quad p_1(1) = (1,1,\dots, 1,\dots)$

$p_1(1)$ est situé dans $E_o - E$

quel que soit $t < 1$, il existe un voisinage I_t de t dans $[0,1]$ tel que

$p_1(I_t)$ soit contenu dans un espace de dimension finie.

$$p_1'(t) = (\alpha_1'(t), 2t\alpha_2'(t^2), \dots, nt^{n-1}\alpha_n'(t^n), \dots)$$

$$|p_1'(t)|_o^2 \leqslant \sum_{n \geqslant 1} \frac{9\varepsilon^2}{2^{2n}} ; \ |p_1'(t)|_o < 3\varepsilon \ .$$

Soit β_r une application de $[0, +\infty[$ dans $[0,1]$ de classe C^∞ dont le graphe est le suivant :

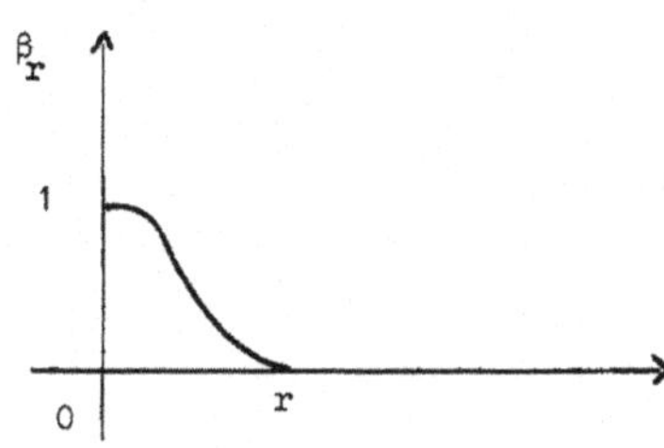

(Pour des formules explicites donnant l'application β_r nous renvoyons à [2] et [11]) .

Posons $f(x) = x + p_1(\beta_r(|x|_o))$

Nous remarquons que :

a) f est une application $E_o \to E_o$ de classe C^∞, en dehors de 0 .

b) f est l'identité en dehors de $E_o(r)$

c) $f(\ i(E) - \{0\}) \subset i(E)$

d) La restriction à $E_o - \{0\}$ de f est une $L(Id_E)$ application.

e) Montrons que f est un difféomorphisme de

$$i(E) - \{0\} \quad \text{sur} \quad i(E) \ .$$

$$|D_x(p_1 \circ \beta_r(|x|_o))|_o \leqslant |Dp_1|_o \times |D\beta_r|$$
$$< 3\varepsilon \times |D\beta_r|$$

L'application β_r étant choisie, sa dérivé est uniformément bornée, il est possible de choisir ε de sorte que $3\varepsilon \, |D\beta_r| < \frac{1}{2}$

Donc $|D_x f|_o > \frac{1}{2}$.

L'application f est donc localement inversible au voisinage de tout point de $E_o - \{0\}$.

Il suffit donc de montrer que f est une bijection de $i(E) - \{0\}$ sur $i(E)$.

Soit z un point de $i(E)$

considérons l'application $q : E_o \to E_o$ défini par :

$$q(x) = z - p_1(\beta_r(|x|_o))$$

q est une application de classe C^∞ sur $E_o - \{0\}$.

si $u, v \in E_o$

$$\begin{aligned} |q(u) - q(v)| &= |p_1 \circ \beta(|u|_o) - p_1 \circ \beta(|v|_o)| \\ &< \tfrac{1}{2}(|u|_o - |v|_o|) \\ &< \tfrac{1}{2}|u - v|_o \end{aligned}$$

L'application q est donc une contraction.

E_o étant complet, il existe un x unique dans E_o tel que $q(x) = x$.

$$x = z - p_1 \circ \beta(|x|_o)$$

$$f(x) = z$$

si $z \in i(E)$ on en déduit que $x \in i(E) - \{0\}$. Donc f est une $L(I)$ bijection : $i(E) - \{0\}$ sur $i(E)$, qui est l'identité en dehors de la boule de rayon r de T_o . Soit λ une application de $[0, +\infty[$ dans $[0,1]$, de classe C^∞ dont le graphe est le suivant :

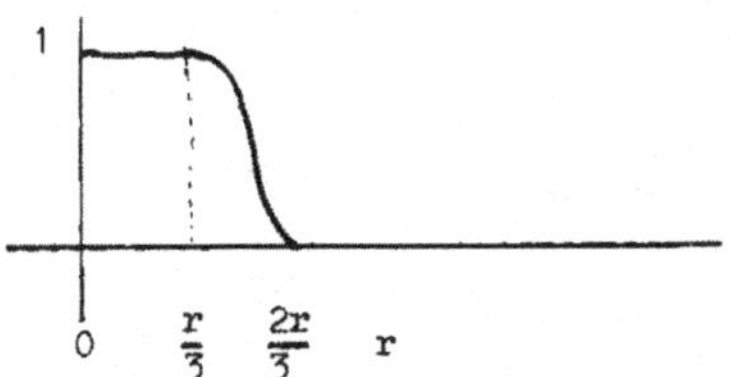

Posons $\underline{K(x) = \lambda(|x|).\ x + (1 - \lambda(|x|))\ \frac{|x|}{|x|_o}}$

K est un difféomorphisme de $i(E)$ dans $i(E)$, radial qui est l'identité sur $i(E(\frac{r}{3}))$.

et $K \circ i(E(r)) = i(E) \cap E_o(r)$

Posons $\underline{\varphi = K^{-1} \circ f \circ K}$:

On vérifie que φ est l'application cherchée.

<u>Addendum au théorème 1</u>. Les hypothèses étant les mêmes que celle du théorème 1.

Il existe une isotopie Φ de E de classe C^∞ étalée.

$$\Phi : E \times [0,1] \to E \times [0,1] \quad \Phi(x,t) = (\Phi_t(x),t)$$

telle que :

(i) $\Phi_o = id$.

(ii) Φ_t $0 \leq t < 1$ est un difféomorphisme étalé de E dans E qui est l'identité en dehors de $E(r)$.

(iii) Φ_1 est un difféomorphisme étalé de $E - \{0\}$ sur E qui est l'identité en dehors de $E(r)$.

<u>Démonstration.</u>

Les notations étant les mêmes que précédemment, considérons l'application

$f_t \quad E_o \to E_o (t \in [0,1])$ défini par :

$$f_t(x) = x + p(\beta_r(|x|_o + r\,\beta_1(t)))$$

On vérifie que $f_o(x) = x$.

$$f_1(x) = x + p \circ \beta_r(|x|_o)$$

Le même raisonnement que précédemment montre que l'application f_t est localement inversible, si $t < 1$ $f_t(0) = p \circ \beta_r(r\,\beta_1(t)))$ $f_t(0) \in i(E)$, pour t fixé, la même démonstration que précédemment montre que f_t est un difféomorphisme étalé de $i(E)$ sur $i(E)$ qui est l'identité en dehors de $E_o(1)$.

Posons $\Phi_t = K^{-1} \circ f_t \circ K$

$$\Phi(x,t) = (\Phi_t(x),t)$$

Φ est l'isotopie cherchée.

Pour d'autres conséquences du théorème de Bessaga nous renvoyons à [2] et [11] .

II. DIFFEOMORPHISME DE DOUADY

Ce paragraphe reproduit la démonstration de Douady donnée dans [3] .

E étant un espace de Banach muni d'une norme nous noterons $E(r)$ la boule ouverte de rayon r, $\bar{E}(r)$ la boule fermée de rayon r . $E(0)$ désigne le point origine.

Théorème 2. (de Douady).

Soit E un espace de Hilbert séparable r et r' , 2 nombres réels strictement positifs, il existe un difféomorphisme étalé $\delta_{r,r'}$ $E(r) \to E(r')$.

(Un des éléments r ou r' peut être infini).

Démonstration.

Soit F l'espace c_0 de suites de nombres réels convergeant vers 0 muni de la norme habituelle :

$$\text{si} \quad x = \{x_1 , \dots , x_n , \dots\} \quad |x| = \sup_{n \in \mathbb{N}} |x_n|$$

Lemme.

Il existe un difféomorphisme étalé $d_{r,r'}$: $F(r) \to F(r')$.

Soit φ un difféomorphisme réel qui est l'identité du voisinage de 0 tel que

$$\varphi(]-r, +r[) =]-r', +r'[$$

On suppose $\varphi(t) = t$ si $|t| < \varepsilon$.

Soit $x = (x_1 , \dots , x_n)$ un point de $F(r)$

Posons $d_{r,r'}(x_1 , x_2 \dots , x_n) = (\varphi(x_1), \varphi(x_2) , \dots , \varphi(x_n), \dots)$

quel que soit $x = (x_1 , \dots , x_n , \dots)$ point de F il existe un voisinage de x, $V(x)$ et un entier N_x tel que quel que soit $x' = (x'_1 , \dots , x'_n , \dots)$ dans $V(x)$ et quel que soit $n > N_x$ $|x'_n| < \varepsilon$.

Si $n > N_x$ $\varphi(x'_n) = x'_n$

Donc l'image par $(d_{r,r'} - Id)$ de V_x est contenue dans l'espace de dimension finie F_{N_x} (engendré par les N_x premiers vecteurs de base).

φ étant bijective $d_{r,r'}$, est bijective. $d_{r,r'}(x)$ dépend localement d'un nombre fini de coordonnées de x : $d_{r,r'}$ est un difféomorphisme de classe C^∞ .

Fin de la démonstration du Théorème 2.

Soit E un espace de Hilbert séparable ; un point de E, u, est représenté par une suite de nombre réels, $u = (u_1, \dots, u_n, \dots)$ telles que $\sum_{n \in \mathbb{N}} u_n^2 < \infty$.

Nous définissons une application $h \; E \to F$ par

$$h(u) = x \quad \text{avec} \quad \begin{cases} x = (x_1, \dots, x_n, \dots) \\ x_n = \sum_{i \geq n} u_i^2 \end{cases}$$

on vérifie immédiatement que h est une application de classe C^∞ et

$$|h(u)|_F = |u|_E$$

Montrons que quel que soit u dans $E(\sqrt{r})$ il existe v dans $E(\sqrt{r})$ tel que :

$$\begin{cases} \text{a)} \quad d_{r,r'}(h(u)) = h(v) \\ \text{b)} \quad \text{signe } u_n = \text{signe } v_n \end{cases}$$

Il suffit de poser $v_n = (\text{signe } u_n)\sqrt{\varphi(\sum_{i \geq n} u_i^2) - \varphi(\sum_{i \geq n+1} u_i^2)}$.

On vérifie que le point $v = (v_n)$ vérifie les conditions a) et b).

Quel que soit le point u de $E(r)$ il existe un voisinage de u Ω_u et un entier N_u tel que quel que soit $u' = (u'_1, \dots, u'_n, \dots)$ point de Ω_u on ait

$$\sum_{n > N_u} v'^2_n < \varepsilon$$

$$\varphi(\sum_{n > N_u} u'^2_n) = \sum u'^2_n$$

si $n > N_u$ $\quad v'_n = u'_n$.

Posons $\psi_{r,r'}(u) = v$

L'image $(\psi_{r,r'} - Id)$ est localement contenue dans un espace de dimension finie.

On vérifie que ψ est une application bijective $E(\sqrt{r})$ dans $E(\sqrt{r'})$.

Montrons que $\psi_{r,r'}$ est un difféomorphisme. Soit g_n l'application de $E \times \mathbb{R}$ dans $\mathbb{R}$ défini par

$$g_n(u,u_n) = \varphi(\sum_{i\geq n} u_i^2) - \varphi(\sum_{i\geq n+1} u_i^2)$$

si $u_n \neq 0$ $g_n(u,u_n) > 0$ et v_n est une fonction de classe C^∞ de u et de u_n .

$$\begin{cases} g_n(u,0) = 0 \\ \dfrac{\partial^2 g_n}{\partial u_n^2}(u,0) > 0 \end{cases}$$

Au voisinage de 0 $g_n(u,u_n) = k(u)\, u_n^2 + u_n^3\, \varepsilon(u,u_n)$

Avec $\lim\limits_{u_n \to 0} \varepsilon(u,u_n) = 0$ et $k(u) > 0$

Au voisinage de 0 $v_n = \text{signe}(u_n)\sqrt{g_n(u\ ,u_n)}$ est de classe C^∞ .

Donc l'application $\psi_{r,r'}$ est de classe C^∞ .

Posons $\delta_{r,r'} = \psi_{r^2,\ r'^2}$

$\delta_{r,r'}$ est l'application cherchée.

Addendum au théorème 2.

Supposons r et r' finis, il existe une application

$$\Delta : E \times [0,1] \to E \times [0,1]$$

$\Delta(u,t) = (\Delta_t(u),t)$

i) Δ_0 = identité

ii) Δ = identité sur $E(\varepsilon)$

iii) Δ_t est une $L(I)$-application :

iv) Δ_1 induit un difféomorphisme étalé de $E(r)$ sur $E(r')$

Démonstration.

Nous construisons la famille Φ_t comme nous avons construit $\delta_{r,r'}$ en considérant une famille $\varphi_{r^2,r'^2,t}$ $(t \in [0,1])$ de difféomorphismes de la droite réelle isotopes à l'identité telle que :

$$\varphi_{r^2,r'^2,0} = \mathrm{id} . \qquad \varphi_{r,r',1} = \varphi_{r,r'})$$

On pose $\Delta_t = \delta_{r,r',t}$

Corollaire 2.

Soit (Π) $\mathfrak{E} \to M$ un fibré étalé de base une variété de classe C^∞ modelée sur E M , de fibre E . On suppose défini sur (Π) une métrique Riemanienne g de classe C^∞. Soient r et r' deux applications de classe C^∞ de M dans R^+ ; il existe une isotopie Δ étalée de classe C^∞ de $\mathfrak{E}$ telle que :

i) Δ_0= identité

ii) Δ_t = identité sur $\mathfrak{E}(\varepsilon)$

iv) Δ_1 induit un difféomorphisme étalé, de classe C^∞ $\mathfrak{E}(r)$ sur $\mathfrak{E}(r')$.

Démonstration du corollaire 2.

1). Supposons que (Π) soit un fibré trivial muni de la métrique Riemanienne induite par celle de E . En appliquant l'addendum du théorème 2, nous pouvons construire une isotopie Δ_x de la fibre de tout point x de la base telle que :

$$\Delta_{x,1}(E(r(x))) = E(r'(x))$$

Si (x,u) est un élément de $M \times E$, posons

$$\Delta(x,u) = (x, \Delta_x(u))$$

Montrons que, sous certaines conditions, l'application Δ ainsi définie est de classe C^∞.

Posons $\Delta_x(u) = v(x)$

$$v(x) = (v_1(x) ,\dots, v_n(x) ,\dots)$$

$v_n(x) = (\text{signe } u_n)\sqrt{\varphi_x(\sum_{i \geq n} u_i)^2 - \varphi_x(\sum_{i \geq n+1} u_i^2)}$ où φ_x est un difféomorphisme de la droite réelle défini de la manière suivante :

Les applications r et r' étant de classe C^∞, il existe une application $\bar{\varphi}$ de calsse C^∞ de $M \times \mathbb{R}$ des $M \times \mathbb{R}$ telle que :

(i) $\bar{\varphi}(x,t) = (x, \varphi_x(t))$

(ii) φ_x est pour tout x un difféomorphisme de $\mathbb{R}$ dans $\mathbb{R}$.

et $\varphi_x(]-r_x , +r_x[) =]-r'_x , +r'_x[$

(iii) $\bar{\varphi}$ est l'identité sur un voisinage de $M \times \{0\}$.

Si Δ défini grâce à une application $\bar{\varphi}$ de classe C^∞, Δ est de classe C^∞. Les autres propriétés de Δ sont immédiates à vérifier.

2). Supposons que (Π) soit un fibré étalé quelconque. Soit τ une trivialisation de (Π) au-dessus d'un ouvert Ω' de la base. Soit Ω un ouvert $\Omega \subset \Omega'$.

$$(\Pi^{-1}(\Omega')) = \Omega' \times E$$

L'image par τ de g est une métrique Riemanienne g_x dans la fibre de tout point x' de Ω'. L'application qui à x associe g_x étant de classe C^∞, la construction du 1). montre qu'il existe une isotopie $\Delta_{\Omega'}$ de $\Omega' \times E$ telle que :

$$\Delta_{\Omega',1}(\Omega'(X)\ E(g^*(r))) = \Omega(X)\ E(g^*(r')) .$$

(g^* est la métrique riemanienne sur $\Omega' \times E$ image par τ de g).
Soit μ une application de M dans $\mathbb{R}$.

$$\mu^{-1}(1) = \overline{\Omega} \qquad \mu = 0 \quad \text{en dehors de } \Omega .$$

Posons $\overline{\Delta}_{\Omega',t}(x,u) = \Delta_{\Omega',\mu(x)t}(x,u)$

Pour tout t $\overline{\Delta}_{\Omega',t}$ est l'identité en dehors de Ω'.

Soit Ω_i $(i \in \mathbb{N})$ un recouvrement dénombrable localement fini de M par des ouverts Ω_i. Soit $\{t_i\}(i \in \mathbb{N})$ une famille de trivialisations de $\Pi^{-1}(\Omega_i)$.

Soit Ω'_i $(i \in \mathbb{N})$ une famille d'ouverts tels que :

$$\overline{\Omega}'_i \subset \Omega_i \qquad \text{et} \qquad \bigcup_{i\in\mathbb{N}} \Omega'_i = M .$$

Sur $\Omega_i \times E$ nous pouvons construire une isotopie $\overline{\Delta}_i$ comme précédemment.

Posons $\overline{\Delta} = \lim\limits_{i\to\infty} \Delta_i \circ \Delta_{i-1} \circ \dots \circ \Delta_1$.

On vérifie que Δ est l'isotopie cherchée.

CHAPITRE V

EXISTENCE DE VOISINAGES TUBULAIRES

Dans ce chapitre, nous montrons que la construction de voisinages tubulaires d'une sous-variété d'une variété donnée faite dans [13] (Chapitre IV) peut se particulariser au cas des structures étalées.

I. PROPAGATEURS ETALES (Layer-spray)

Définition 1.

Soit M une variété étalée modelée sur E. Un propagateur s défini à TM est une section du fibré double tangent T^2M à la variété M considéré comme fibré tangent sur M vérifiant les propriétés (i) (ii), (iii). Soient (ξ,T), (ξ,T,T',T'') deux systèmes de coordonnées locales pour TM et T^2M respectivement

(i) $s(\xi,T) = (\xi, T, T, \sigma(\xi,T))$

(ii) $\sigma(\xi,\lambda T) = \lambda^2 \sigma(\xi,T)$

(iii) quel que soit ξ point de M il existe un voisinage de ξ dans M U_ξ et un espace de dimension finie E_ξ tel que, quel que soit le point (ξ_1',T_1) du fibré tangent à U_ξ, $\sigma(\xi_1,T_1)$ soit situé dans E_ξ.

Dans toute la suite nous supposerons que s est une section de classe C^∞.

L'équation différentielle associé au propagateur s est par définition l'équation :

$$\frac{d^2f}{dt^2} = \sigma\left(f, \frac{df}{dt}\right) .$$

Propagateur trivial.

Considérons le cas particulier où la variété M est l'espace de Hilbert E lui-même. L'application s_o de $E \times E$ dans $E \times E \times E \times E$ définie par :

$$s_o(\xi, T) = (\xi, T, T, 0) \qquad \text{est}$$

un propagateur.

Vérification de la cohérence de la définition - Formules de changement de carte.

Soit $(U_i\ ,\ \varphi_i)$ et $(U_j\ ,\ \varphi_j)$ deux cartes de M pour la structure étalée.

$$\varphi_j \circ \varphi_i^{-1} = \mathrm{Id} + \alpha_{ji} \qquad \text{Image } \alpha_{ji} \subset E_{ji} .$$

Soient $(U_i \times E\ ,\ \Phi_i)$ et $(U_j \times E\ ,\ \Phi_j)$, les cartes correspondantes de TM ;

$(U_i \times E \times E \times E\ ,\ \tilde{\Phi}_i)$ $(U_j \times E \times E \times E\ ,\ \tilde{\Phi}_j)$ les cartes correspondantes de T^2M .

Par définition de $\Phi_i\ ,\ \tilde{\Phi}_i\ ,\ \Phi_j\ ,\ \tilde{\Phi}_j$

$$\Phi_j \circ \Phi_i^{-1}(\xi, T) = (\varphi_j \circ \varphi_i^{-1}(\xi)\ ,\quad D(\varphi_j \circ \varphi_i^{-1})(\xi) . T)$$

$$= (\xi + \alpha_{ji}(\xi)\ ,\quad T + D\alpha_{ji}(\xi).T)$$

$$\tilde{\Phi}_j \circ \tilde{\Phi}_i^{-1}(\xi, T, T', T'') = (\varphi_j \circ \varphi_i^{-1}(\xi),\ D(\varphi_j \circ \varphi_i^{-1})(\xi).T, D(\varphi_j \circ \varphi_i^{-1})(\xi).T', F_\xi(T, T', T''))$$

$$F_\xi(T, T', T'') \quad = \quad D^2(\varphi_j \circ \varphi_i^{-1})(\xi) . (T, T') + D(\varphi_j \circ \varphi_i^{-1})(\xi) . T'')$$

$$= (\xi + \alpha_{ji}(\xi),\ T + D\alpha_{ji}(\xi) . T,\ T' + D\alpha_{ji}(\xi).T'\ ,\ D^2\alpha_{ji}(\xi) . (T, T') +$$

$$+\ T'' + D\alpha_{ji}(\xi) . T'')$$

D'où nous déduisons que :

$$\tilde{\Phi}_j \circ s_o \, \Phi_i^{-1}(\xi,T) = (\xi + \alpha_{ji}(\xi),\ T + D\alpha_{ji}(\xi) \cdot T\ ,$$

$$T + D\alpha_{ji}(\xi) \cdot T\ ,\ D^2\alpha_{ji}(\xi) \cdot (T,T) + \sigma(\xi,T) + D\alpha_{ji}(\xi) \cdot \sigma(\xi,T))$$

Les propriétés (i), (ii) et (iii) restent vérifiées pour $\tilde{\Phi}_j \circ s \circ \Phi_i^{-1}$.

Proposition 1.

Soit M une variété modelée sur E (étalée), il existe sur M un propagateur étalé.

Démonstration.

Ce propagateur s'obtient en "recollant" les propagateurs triviaux définis localement sur M , grâce à une partition de l'unité.

Soit (U_i , φ_i) $i \in \mathbb{N}$ un atlas de M pour la structure étalée. On suppose que les ouverts (U_i) forment un recouvrement de M finiement étalé. Soit (μ_i) $(i \in N)$ une partition de l'unité subordonnée au recouvrement par les ouverts U_i

Soit s_i le propagateur trivial défini sur $\varphi_i(U_i) \times E$.

$$s_i : \varphi_i(U_i) \times E \to \varphi_i(U_i) \times E \times E \times E \quad .$$

Posons $s = \Sigma\, \mu_i \quad s_i$.

De manière plus explicite en utilisant les formules de changement de carte précédante dans la carte (U_j , φ_j) s s'exprime de la manière suivante.

$$s : \varphi_j(U_j) \times E \quad \to \quad \varphi_j(U_j) \times E \times E \times E \ .$$

$$\boxed{s(\xi,T) = \sum_{i \in N} \mu_i(\varphi_j^{-1}(\xi))\ \tilde{\Phi}_j \circ \tilde{\Phi}_i^{-1} \circ s_i(\Phi_i \circ \Phi_j^{-1}\ (\xi,T))}$$

Soit $\quad s(\xi,T) = (\xi,T,T,\ \sum_{i \in N} \ \mu_i(\varphi_j^{-1}\ (\xi)) \quad D^2\alpha_{ji}(\xi) \ \cdot (T,T))$

or quel que soit i Image $D^2\alpha_{ji}(\xi)$ est contenue dans un espace de dimension finie le recouvrement étant finiement étalé, s est un propagateur étalé.

II. APPLICATION EXPONENTIELLE

Proposition 2.

Soit M une variété de classe C^{∞} étoilée modelée sur E. (U_i, φ_i) $i \in \mathbb{N}$ un atlas tel que lés (U_i) forment un recouvrement finiement étalé. Il existe une application exponentielle défihie sur un voisinage de la section nulle de TM, $\exp : \mathcal{D} \to M \times M$ qui dans la carte (U_i, φ_i) est de la forme :

$$\exp(\xi, T) = (\xi, \xi + T + \gamma_i(\xi, T))$$

où l'image de γ_i est contenue dans un sous-espace de dimension finie E_{n_i}.

Démonstration.

Soit s le propagateur étalé construit précédemment, s définit un champ de vecteurs sur TM ; intégrons ce champ de vecteur. Exprimons la courbe intégrale dans une carte locale. Soit (ξ, T) un point de TM, $\beta_{\xi,T}(t)$ la courbe intégrale de s d'origine (ξ, T). Si T est assez petit, nous pouvons définir le point $\exp(\xi, T)$ par la formule :

$$\exp(\xi, T) = (\xi, \Pi(\beta_{\xi,T}(1)))$$

où Π est la projection canonique de TM sur M. L'application exp ainsi définie est une application de classe C^{∞} définie sur un voisinage de la section nulle de TM et la démonstration de [13] montre que l'application exp est un difféomorphisme d'un voisinage $\mathcal{D}$ de la section nulle de TM sur un voisinage de la diagonale de $M \times M$. (On vérifie que $D \exp(\xi, 0) =$ Identité). D'autre part

$$\frac{d\beta_{\xi,T}}{dt}(\xi_1, \tau_1) = (\xi_1, \sigma(\xi_1, \tau_1))$$

La deuxième composante du vecteur tangent à la courbe intégrale est située dans l'espace de dimension finie E_{n_i} qui ne dépend que de l'ouvert U_i contenant ξ .

Nous en déduisons que :

$$\pi(\beta_{\xi,\varphi}(t)) = \xi + \tau + \gamma_i(\xi,\varphi,t)$$

$$\text{ou} \quad \frac{d}{dt}\gamma_i(\xi,\varphi,t) \subset E_{n_i}$$

L'application exp est un difféomorphisme étalé de $\mathfrak{D}$ sur un voisinage de la diagonale de $M \times M$.

Nous noterons $\widetilde{\exp}$ l'application $\pi_2 \circ \exp$ où π_2 est la projection de $M \times M$ sur la deuxième composante.

III. DEFINITION ET CONSTRUCTION DE VOISINAGES TUBULAIRES

Soient M une variété étalée modelée sur E

M' " " " " " E'

T un plongement linéaire $E' \to E$

(E' peut-être de dimension finie ou infinie, $T(E')$ de codimension finie ou infinie).

Soit i un $L(T)$ plongement $M' \to M$. Dans toute la suite nous identifierons M' et $i(M')$, E' et $T(E')$. Soit E'' le supplémentaire orthogonal de $T(E')$ dans E .

Définition 1.

Un voisinage tubulaire étalé de M' dans M est un fibré étalé de base M', de fibre E'', différentiable, $(\pi)\ \mathcal{E} \to M'$, un voisinage ouvert $\mathfrak{D}$ de la section nulle de (π) et un isomorphisme γ pour les structures étalées de $\mathfrak{D}$ sur un voisinage U de M' dans M , tels que le diagramme suivant commute :

ζ est la section nulle du fibré

Définition 2.

Soit M' une sous-variété fermée de M ; un voisinage tubulaire fermé de M' dans M est un fibré étalé différentiable

$(\pi) : \mathcal{E} \to M'$ muni d'une métrique Riemanienne, un plongement étalé de $j(1) : \mathcal{E}(1) \to M$ qui se prolonge à un voisinage ouvert $\mathcal{D}$ de $\mathcal{E}(1)$ tel que le diagramme suivant soit commutatif :

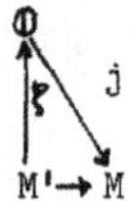

Proposition 3.

Si M' admet un voisinage tubulaire, M' admet un voisinage tubulaire fermé.

Démonstration.

D'après le chapitre 1, proposition nous pouvons munir $\mathcal{E}$ d'une métrique Riemanienne. Pour cette métrique, il existe une application r de classe C^∞ de M' dans $\mathbb{R}^+$ telle que $\mathcal{E}(r) \subset D$.

Il existe un difféomorphisme fibré d_r $\mathcal{E} \to \mathcal{E}$ qui est l'identité sur la section nulle tel que $d_r(\mathcal{E}_r) = \mathcal{E}(1)$

(Pour construire d_r , considérons un système de trivialisations locales de (U_i , τ_i) tel que les τ_i soit des isomorphismes pour la métrique riemanienne.

Posons, dans la carte $U_i \times E$.

$$d_{r,i}(\xi,\tau) = (\xi,\ \delta_r(\tau))$$

où δ_r est l'isomorphisme de Douady de E dans E construit au chapitre IV corollaire 2 $\delta_r(E(r)) = E(1)$. $d_{r,i}$ est une application de classe C^∞ . La famille des applications $d_{r,i}$ définit l'application d_r , car les applications de changement de carte respectent la norme d'un vecteur dans chaque fibre.

L'application $j \circ d_r^{-1}$ définit un voisinage tubulaire fermé de M' dans M .

Proposition 4.

Soit M' une sous-variété étalée de M ; M' admet un voisinage tubulaire étalé.

Démonstration :

Soit TM le fibré tangent à M .

$T_{M'}M$ la restriction de TM à M' .

$T_{M'}M = TM' \oplus V(M')$

où $V(M')$ est le fibré normal de base M' de fibre E" .

$T_{M'}M$ et TM' sont des fibrés étalés différentiables munis de structures Riemaniennes compatibles. Donc $V(M')$ est un fibré étalé différentiable muni d'une métrique Reimanienne. Comme variété étalée, $V(M')$ est modelée sur E. Considérons la restriction de l'application exponentielle à $V(M')$.

D exp = Identité en tout point de la section nulle de $V(M')$.

Il existe un voisinage $\mathcal{V}$ de la section nulle de $V(M)$ tel que la restriction de exp à $\mathcal{V}$ soit un difféomorphisme étalé j sur un ouvert de M contenant M'.

La restriction à la section nulle de l'application exp coïncide avec le plongement i de M' dans M .

Le diagramme suivant est commutatif.

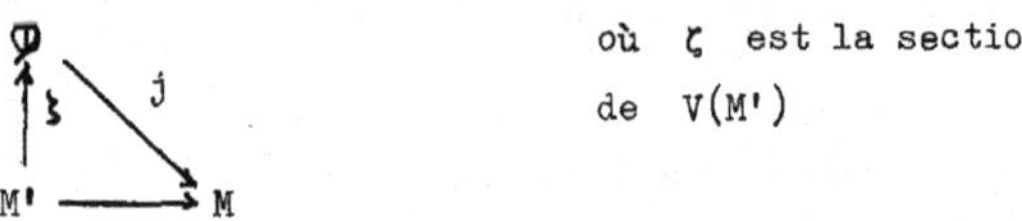

où ζ est la section nulle de $V(M')$

<u>Corollaire</u>.

Avec les hypothèses de la proposition 3 M' admet un voisinage tubulaire fermé.

CHAPITRE VI

THEOREME D'ISOTOPIE AMBIANTE ETALEE DES VOISINAGES TUBULAIRES

Dans tout ce chapitre, les notations sont les mêmes qu'au chapitre précédent. Les méthodes de démonstration sont analogues à celles de [11] et [2]. Nous les avons adaptées au cas des structures étalées.

Théorème 1.

Soit M' une sous-variété de M. Soient $(\pi_i)\ \mathcal{E}_i \xrightarrow{\pi_i} M'$ $(i = 1,2)$ deux fibrés étalés différentiables de base M' munis chacun d'une métrique Riemanienne, Soit $j_i : \mathcal{E}_i \to M$ $(i = 1,2)$ 2 applications définissant deux voisinages tubulaires fermés de M' dans M.

Il existe une $L(I)$ isotopie Φ : de classe C^∞, $M \times I \to M \times I$ telle que : si $\Phi(x,t) = (\Phi_t(x),t)$.

(i) $\Phi_t(x) = x$ pour tout point x de M'.

(ii) $\Phi_1(j_1(\mathcal{E}_1(1))) = j_2(\mathcal{E}_2(1))$

(iii) $j_2^{-1} \circ \Phi_1 \circ j_1 : (\mathcal{E}_1(1)) \to \mathcal{E}_2(1)$ est un isomorphisme de variétés étalées fibrées sur M' $(j_2^{-1} \circ \Phi_1 \circ j_1(\mathcal{E}_{1,x}(1)) = \mathcal{E}_{2,x}(1)$ quel que soit x point de $M')$.

Nous remarquons que, dans ce cas, l'application $j_2^{-1} \circ \Phi_1 \circ j_1$ que nous allons construire n'est pas linéaire dans chaque fibre.

Théorème 2.

Les hypothèses et les notations étant les mêmes que celles du théorème 1, nous définissons des applications θ_i de la manière suivante :

Soient $T_{M'}M$ la restriction à M' du fibré tangent à M, $V(M')$ le fibré normal à M' identifié au fibré quotient $T_{M'}M/TM'$; soit p la projection $T_{M'}M \to V(M')$.

Soit T_{j_i} l'application linéaire tangente à j_i le long de $M' \times \{0\}$.
$T_{j_i} : T_M \mathcal{E}_i \to T_{M'}M$. Posons $\theta_i = p \circ T_{j_i}$.
On suppose que les applications θ_o et θ_1 sont isotopes à travers les isomorphismes étalés de fibrés.

Il existe une isotopie étalée $\bar{\Phi}$ de M telle que la restriction à $\mathcal{E}_1(1)$ de $j_2^{-1} \circ \bar{\Phi}_1 \circ j_1$ soit un isomorphisme linéaire étalé fibré sur M' de $\mathcal{E}_1(1)$ sur $\mathcal{E}_2(1)$.

En outre, on peut supposer que $\bar{\Phi}$ = identité en dehors au voisinage arbitraire de $j_1(\mathcal{E}_1(1) \cup j_2(\mathcal{E}_2(1))$

I. PRINCIPES DE LA DEMONSTRATION

1) Par la même méthode que celle du chapitre V proposition 3, nous montrons qu'il suffit de construire une isotopie Φ' et 2 applications r_1 et r_2 de classe C^∞ de M' dans R telle que :

$$\Phi'_1(j_1(\mathcal{E}_1(r_1))) = j_2(\mathcal{E}_2(r_2))$$

et telles que $j_2^{-1} \circ \Phi'_1 \circ j_1 : \mathcal{E}_1(r_1) \to \mathcal{E}_2(r_2)$ soit un isomorphisme de variétés étalées fibrées sur M'.

2) On détermine r_1 et r_2 et un recouvrement localement fini de M' par des ouverts Ω_i $(i \in \mathbb{N})$ de sorte que :

a) la restriction à chaque ouvert Ω_i des fibrés (π_1) et (π_2) soit un fibré trivial.

b) La restriction de j_1 et j_2 à $\pi_1^{-1}(\Omega_i) \cap \mathcal{E}_1(r_1)$ et $\pi_2^{-1}(\Omega_i) \cap (\mathcal{E}_2(r_2))$ respectivement s'exprime dans une carte locale.

3) On se ramène ainsi à démontrer le théorème pour des voisinages tubulaires triviaux d'une sous-variété M' d'une variété donnée. Par une isotopie définie localement sur un voisinage de M' on amène les fibres au dessus d'un même point à être tangentes sur la section nulle. Puis, par intégration d'un champ de vecteurs, on les amène à coincider. Dans ce cas la construction se ramène à celle de [11] , il suffit de vérifier que l'application ainsi construite est une application étalée.

II. Démonstration des points 1) et 2) du théorème 1

Proposition 1.

Supposons qu'il existe deux applications de classe C^∞ de M' dans $\mathbb{R}^+$ et une isotopie étalée Φ' de M telle que :

(i)' $\Phi'_t(x) = x$ pour tout point x de M .

(ii) $\Phi'_1(j_1(\mathcal{E}_1(r)) = j_2(\mathcal{E}_2(r_2))$

(iii) $j_2^{-1} \circ \Phi'_1 \circ j_1 : \mathcal{E}_1(r_1) \to \mathcal{E}_2(r_2)$ est un isomorphisme de variétés étalées fibrées sur M'. Alors il existe une isotopie étalée Φ de M vérifiant les propriétés (i), (ii), (iii) du théorème 1.

Démonstration.

Il existe une isotopie fibrée étalée Δ_i de $\mathcal{E}_i$ $(i = 1,2)$ qui est l'identité sur voisinage de la section nulle et en dehors d'un voisinage $\mathcal{V}_i$ du fibré en boules $\mathcal{E}_i(1) \cup \mathcal{E}_i(r_i)$ telle que :

$$\Delta_i(\mathcal{E}_i(r_i),1) = (\mathcal{E}_i(1),1)$$

Δ_i est construite par la même formule qu'au chapitre V proposition 3 à l'aide du difféomorphisme du Douady. Sans perte de généralité, nous pouvons supposer j_i définie sur $\mathcal{D}_i$.

Posons $\Delta_i' = (j_i \times id) \circ \Delta_i \circ (j_i \times id)^{-1}$ où id est l'application identique $[0,1] \to [0,1]$.

Posons $\Phi = \Delta_2^{-1} \circ \Phi' \circ \Delta_1$

Φ est l'isotopie cherchée.

Proposition 2.

Il existe un recouvrement localement fini dénombrable de M' par des ouverts Ω_k $(k \in \mathbb{N})$ et deux applications r_i $(i = 1,2)$ de classe C^∞ de M' dans R^+ telles que :

a) $(\pi_i) : \pi_i^{-1}(\Omega_k) \xrightarrow{\pi_i} \Omega_k$ est un fibré trivial.

b) L'image par j_i de $(\pi_i^{-1}(\Omega_k) \cap \mathcal{E}_i(r_i))$ est contenue dans une carte locale de M . Dans cette carte l'application j_i est de la forme $Id + \alpha_{i,k}$ où l'image de $\alpha_{i,k}$ est contenue dans un sous-espace de dimension finie $E_{i,k}$ dépendant uniquement des indices i et k .

Démonstration.

Quel que soit x point de M', il existe un voisinage ouvert Ω_x de x et un réel strictement positif r_x tels que Ω_x et r_x vérifient les conditions a) et b) ; on extrait du recouvrement par les ouverts Ω_x un recouvrement dénombrable localement fini par des ouverts Ω_k ; on recolle les entiers r_k correspondants grâce à une partition de l'unité subordonnée au recouvrement par les Ω_k .

III. DEMONSTRATION DU POINT 3) LEMME LOCAL

Proposition 3.

Soit Ω un ouvert de E' et r_i deux applications de classe C^∞ de Ω dans $\mathbb{R}^+$.

Soit $j_i = Id + \alpha_i$ $(i = 1,2)$ deux plongements de $\Omega(X)E''(r_i) \to \Omega \times E''$ qui coïncident avec l'identité sur Ω .

Soient U et V deux ouverts de E' tels que $\bar{U} \subset V \subset \bar{V} \subset \Omega$. Il existe 3 applications ρ_i et ρ' de classe C^∞ $(i = 1,2)$ de Ω dans $\mathbb{R}^+$ $0 < \rho_i < \rho_i'$ et une isotopie Φ étalée de $\Omega \times E''$ vérifiant les propriétés suivantes :

a) Φ_t est l'identité sur Ω en dehors de $V \times E''$ et en dehors de $\Omega(X)E''(\rho')$.

b) $j_2^{-1} \circ \Phi_1 \circ j_1$ est une application de : $U(X)\,E''(\rho_1)$ dans $U(X)E''(\rho_2)$ et est un isomorphisme de variétés étalées fibrées sur U .

Addendum : Supposons qu'il existe un fermé F de Ω et, G un voisinage de F dans Ω , $\bar{\rho}_i$ $(i = 1,2)$ deux applications de classe C^∞ de G dans R^+ telles que :

$$j_2^{-1} \circ j_1 : G(X)E''(\bar{\rho}_1) \to F(X)\,E''(\bar{\rho}_2)$$

soit un isomorphisme de variétés étalées fibrées sur F . Nous pouvons construire ρ_i et l'isotopie Φ de sorte que $\rho_i = \bar{\rho}_i$ sur F et pour $t \in [0,1]$, Φ_t est l'identité sur $F(X)\ E''(\rho_1)$.

Démonstration de la Proposition 3.

1°) Il existe une isotopie Φ^1 de $\Omega \times E''$ vérifiant les conditions a) de la proposition 3) telle que $\Phi_1^1 \circ j_1(U(X)E''(r_1)) \subset j_2(U(X)E''(r_2))$. Soit r_1' une application de Ω dans $\mathbb{R}^+$ telle que :

$$j_1(V(X)E''(r_1')) \subset j_2(\Omega(\times)E''(r_2))$$

D'après le chapitre IV corollaire 2 , il existe une isotopie fibrée ψ du fibré trivial $\Omega \times E''$ telle que :

$$\psi_1(\Omega(X)E''(r_1)) \subset j_2(\Omega(\times)E''(r_1'))$$

Posons $\Phi^1 = (j_1 \times id) \circ \psi \circ (j_1^{-1} \times id)$

Désormais nous raisonnons sur l'application

$$j_2^{-1} \circ \Phi_1^1 \circ j_1 : U(X)E''(r_1) \rightarrowtail U(X) \quad E''(r_2)$$

et nous allons construire une isotopie Φ^2 de $\Omega \times E''(r_2)$ de sorte que l'isotopie Φ cherchée soit :

$$(j_2 \times id) \circ \Phi^2 \circ (j_2^{-1} \times id) \circ (j_1 \times id) \circ \psi \circ (j_1^{-1} \times id) .$$

Il suffit donc de démontrer le lemme local suivant :

<u>Lemme Local</u> :

Soit j un plongement étalé $j : \Omega' \times E'' \to \Omega' \times E''$ j coïncide avec l'identité sur $\Omega' \times \{0\}$. On suppose que sur $\Omega'(X)E''(r)$ j est de la forme $j = Id + \alpha$ où l'image de α est contenue dans un sous-espace de dimension finie. A de $E' \times E''$. Soient U et V , 2 ouverts de Ω' tels que : $\bar{U} \subset V \subset \bar{V} \subset \Omega'$. Il existe une application continue ρ de $\Omega' \to \mathbb{R}^+$ telle que, quelles que soient les applications ρ_1 et ρ_2 de $\Omega' \to \mathbb{R}^+$ $0 < \rho_1 < \rho_2 < \rho$ il existe une isotopie Φ de $\Omega' \times E''$ qui est l'identité en dehors de $V \times E''$ et de $\Omega'(\times)E''(\rho_2)$ et telle que

$$\Phi_1(j(\{x\} \times E''(\rho_1(x))) = \{x\} \times E''(\rho(x))$$

et Φ_1 est un isomorphisme de variétés étalées.

Démonstration.

Soit p'' la projection sur E'' parallèlement à E'. On identifie "E' et E'' " à 2 " E' sous-espaces orthogonaux E'' ".

Soit (x,y) un point de $\Omega' \times E''$.
Posons $z = j(x,y)$

Posons $\eta_1(z) = (x, p''(z))$. La restriction de η_1 à Ω' est l'application identique. L'application η_1 est de la forme $\eta_1 = Id + \beta$, où l'image de β est située dans un sous-espace de dimension finie B $(B = p''(A))$

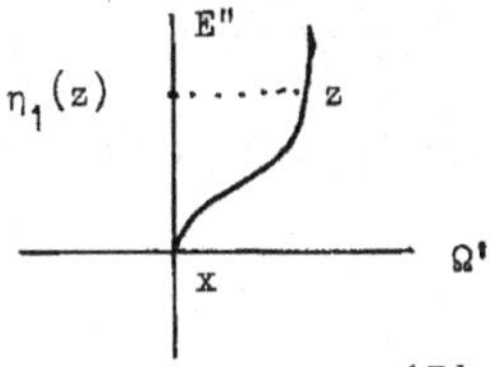

Posons $Dj(x,0) = \begin{pmatrix} Id_{E'} & C_1 \\ 0 & C_2 \end{pmatrix}$

où $C_2 = Id_{E''} + \beta_2$ où image de $\beta_2 \subset B$.

C_1 est une application $E'' \to E'$ dont l'image est contenue dans $\rho'(A)$. $D_j(x,0)$ étant un opérateur inversible DC_2 est un opérateur inversible.

D'après la formule donnant β.

$$D\eta_1(x,0) = \begin{pmatrix} Id & 0 \\ 0 & C_2 \end{pmatrix} D_j(x,0)^{-1}$$

$D\eta_1$ est un opérateur linéaire inversible.

Donc il existe un voisinage D de Ω' dans $\Omega' \times E''$ de la forme $D = \Omega'(X)E''(\rho'')$ tel que la restriction de η_1 à D soit inversible.

Soit z un point de D

$$z = j(x,y)$$

Posons pour $0 \leq t < 1$ $\xi_t(z) = (x,(1-t)\mathbf{p}''(z))$

$\xi_t(z)$ est un point de D , nous pouvons donc poser :

$$\zeta_t(z) = \eta_1^{-1}(\xi_t(z)) = (x',y')$$

si $0 \leq t < 1$ posons $\eta_t(z) = (x',(1-t)^{-1}y')$

Soit η l'application $D \times I \to D' \times I$ définie par $\eta(z,t) = (\eta_t(z),t)$

η définit une isotopie sur un voisinage de Ω' dans Ω .

Soit (z,t_o) un point de $D \times I$, soit $v(z,t_o)$ le vecteur tangent à la trajectoire du point (z,t_o) en (z,t_o) .

$$v(z,t_o) = (\frac{d\eta_t}{dt}(t_o),\ 1)$$

Il existe un voisinage D' de Ω' tel que ce champ de vecteurs soit défini sur $D' \times I$.

Il existe une application ρ' de Ω' dans $\mathbb{R}^+$ telle que

$$\Omega'(X)\ E(\rho') \subset D'$$

$\mathbf{p}'(v(z,t_o)) = 0$

$\mathbf{p}''(v(z,t_o)) = -\mathbf{p}''(z)$. Donc pour $0 \leq t \leq 1$, le champ de vecteurs v est de classe C^∞ .

Or $|\mathbf{p}'(z)| \leq (\mathrm{tg}\theta)\ \rho'(p'(z))$

où θ est l'angle du sous-espace de dimension finie A avec sa projection sur E' . $\mathrm{tg}\ \theta$ est mesuré pour la métrique Riemanienne donnée sur $E' \times E''$.

Nous prolongeons le champ de vecteur v en un champ de vecteurs w défini sur tout $\Omega' \times E''$, en la manière suivante.

Il existe une application β de $\Omega' \times E'' \to [0,1]$ telle que $\beta = 1$ sur un voisinage D_2 de $(U \times \{0\})$ et $\beta = 0$ en dehors d'un voisinage D_1 de

$V \times \{0\}$. $D_2 \subset D_1 \subset \Omega(X)\ E(\rho') \subset D'$

Posons $w_1(z,t_o) = \beta(z) \cdot \frac{d\eta_t}{dt}(t_o)$

$w(z,t_o) = (w_r(z,t_o),1)$

Nous pouvons supposer ρ' choisi assez petit de sorte que

$$|\beta(z) \cdot \frac{d\eta_t}{dt}(t_o)| < \frac{1}{4}$$

Par le même raisonnement que dans [11] .

Le champ de vecteurs w de classe C^∞ pour $0 \leqslant t < 1$ admet une famille courbes intégrales. D'après la majoration en norme de $(w(z,t))$, ces courbes intégrales s'étendent à tout l'intervalle $[0,1]$. On définit ainsi une isotopie globale Φ de $\Omega' \times E''$.

$w_1(z,t)$ est situé dans le sous-espace de dimension finie engendré par B et $\rho''(A)$. Nous en déduisons que Φ est une isotopie étalée. $\Phi_1 \circ j : \Omega \times E'' \to \Omega \times E''$ respecte dans un voisinage de $\Omega \times \{0\}$ les fibres au-dessus de Ω . Si ρ_1 et ρ_2 sont 2 applications $\Omega' \to R^+$ définies par D_1 et D_2 respectivement, le lemme local est démontré.

La démonstration de l'addendum est immédiate, il suffit de voir dans le lemme local que nous pouvons prendre le champ de vecteurs w_1 nul sur $F \times E''$.

IV. FIN DE LA DEMONSTRATION DU THEOREME 1

Nous construisons d'abord une isotopie Φ' vérifiant les hypothèses de la proposition 1 . Considérons un recouvrement ouvert de M' par les ouverts Ω_k construits à la proposition 2 . Sur chaque ouvert Ω_k , nous pouvons construire, d'après la proposition 2 des applications $r_{k,i}$ $(i = 1,2)$. Pour chaque k , nous considérons U_k et V_k tels que $\bar{U}_K \subset U_K \subset \bar{V}_K \subset \Omega_K$. $\bigcup_{k \in \mathbb{N}} U_k = M'$. Considérons un recouvrement ouvert localement fini d'un voisinage de M' dans M par des ouverts

$\mathcal{O}_k$ tels que :

a) $\mathcal{O}_K \cap M' = \Omega_k$.

b) $j_i(\pi_i^{-1}(\Omega_k) \cap \mathcal{E}_i(r_i)) \subset O_k$ pour $i = 1,2$.

Soit τ_k un difféomorphisme étalé de O_k sur un ouvert de $\Omega_k \times E''$.

Nous construisons par induction sur k une suite d'isotopie Φ_k définies sur $\tau_k(O_k)$.

Supposons définies $\Phi_1, \ldots, \Phi_{k-1}$.

Posons $\tilde{\Phi}_j = (\tau_j \times id)^{-1} \circ \Phi_j \circ (\tau_j \times id)$ (id = identité de $[0,1]$)

$$\tilde{\Phi}'_j = \tilde{\Phi}_j \circ \tilde{\Phi}_{j-1} \circ \ldots \circ \tilde{\Phi}_1 .$$

Nous pouvons prolonger $\tilde{\Phi}'_j$ par l'identité en dehors de $O_1 \cup O_2 \cup \ldots \cup O_j$.

Appliquons la proposition 3 à $\tilde{\Phi}_{k-1,1}(O_k)$. Soit $F_k = \Omega_k \cap (\overline{U}_1 \cup \ldots \cup \overline{U}_{k-1})$.

Il existe deux applications de classe C^∞ d'un voisinage G_k de F_k dans $\mathbb{R}^+$ $\rho_{i,k}$ telles que :

$j_2^{-1} \circ \tilde{\Phi}_{k-1,1} \circ j_1 : G_k(X)\, E''(\rho_{1,k}) \to G_k(X)\, E''(\rho_2,k)$ soit un isomorphisme de variétés étalées fibré sur G_k .

Appliquant la proposition 3 et son addendum à $\tau_k \circ \tilde{\Phi}_{k-1,1}(\mathcal{O}_k)$ nous obtenons une isotopie $\tilde{\Phi}'_k$.

Posons $\Phi' = \lim_{k \to \infty} \tilde{\Phi}'_k$

On vérifie que Φ' est l'isotopie cherchée. On obtient Φ à partir de Φ' en appliquant la proposition 1 .

V. DEMONSTRATION DU THEOREME 2

Soit Φ l'isotopie déterminée par le théorème 1 $(\Phi(x,t) = (\Phi_t(x),t)$ construisons dans chaque fibre une isotopie $\overline{\Phi}'_x$ telle que si $\overline{\Phi}' = \bigcup_{x \in M'} \overline{\Phi}'_x$,

$\overline{\Phi}' \circ \Phi$ soit l'isotopie $\overline{\Phi}$ cherchée.

Pour x fixé dans M', soit $j_x : E_x \to E_x$ la restriction à la fibre de x de $j_2^{-1} \circ \Phi_1 \circ j_1$.

Soit $\ell_x = D_x j_x$.

Lemme.

Supposons ℓ_x isotope à l'identité par une isotopie Λ dont le support soit dans $GL_F(E)$ (élément de $GL(E)$ de la forme $Id + \alpha$ et image α (espace de dimension finie).

Alors il existe une boule $E_x(\varepsilon(x))$ telle que dans cette boule j_x soit isotope à l'identité par une isotopie $\overline{\Phi}'_x$ étalée.

Démonstration .

Définissons l'isotopie $\Phi'_x : E_x \times [0,2] \to E_x \times [0,2]$ par :

$0 \leq t \leq 1 \qquad \Phi'_x(y,t) = (\Lambda_t \cdot y , t)$

$1 \leq t \leq 2 \qquad \Phi'_x(y,t) = ((2-t)\ell_x(y) + (t-1)j_x(y), t)$

$$\Phi'_x(y,0) = (\Lambda_0 \cdot y, 0) = (y,0)$$

$$\Phi'_x(y,1) = (\Lambda_1 \cdot y, 1) = (\ell_x(y), 1)$$

$$\Phi'_x(y,2) = (j_x(y), 2)$$

Pour t fixé

$$D_y \Phi'_{x,t}(y) = \begin{cases} \Lambda_t & 0 < t < 1 \\ (2-t)\ell_x + (t-1) D_y j_x & \end{cases}$$

Si ℓ_x et $D_y j_x$ sont assez proches (dons si y est assez proche de 0) $D_y \Phi'_{x,t}$ est inversible. Φ'_x est une isotopie sur un voisinage de 0 de rayon $\varepsilon'(x)$.

Par la même méthode que celle utilisée dans la démonstration du lemme de Hirsch, nous pouvons construire une isotopie $\overline{\Phi}'_x$ de E_x telle que :

$\overline{\Phi}'_x = \Phi'_x$ sur $(E_x(\varepsilon(x)) \times [0,2])$

$\overline{\Phi}'_x =$ Identité en dehors de $E_x(\varepsilon'(x)) \times [0,2]$

(Avec $0 < \varepsilon(x) < \varepsilon'(x)$)

(Pour la démonstration du lemme de Hirsch : voir le chapitre VII . Nous utilisons ici seulement la partie de la démonstration où on prolonge une isotopie par l'identité en dehors d'un voisinage donné).

CHAPITRE VII.

PLONGEMENT DE VARIETES ETALEES

(Existence, isotopie)

Les premiers théorèmes de plongements de variétés banachiques ont été démontrès par Bonic et Frampton dans [7] et par Kuiper et Terpstra dans [11] . Nous donnons ici une version "étalée" de ces théorèmes ainsi qu'un théorème d'isotopie des plongements [8] qui sera utilisé dans la suite.

Définition 1.

Soient E et F deux espaces de Hilbert, M et N deux variétés étalées de classe C^{∞} modelées respectivement sur E et F . Soit J un plongement linéaire de E dans F . Un $L(J)$ plongement f de M dans N est un plongement fermé de M dans N de classe C^{∞} tel que, quel que soit le couple de points $(x,f(x))$, il existe une carte (U,φ) au voisinage de x et une carte (V,ψ) au voisinage de $f(x)$ telles que sur tout ouvert de E où $\psi \circ f \circ \varphi^{-1}$ est définie

$\psi \circ f \circ \varphi^{-1} = J + \alpha$ où Image $\alpha \subset$ espace de dimension finie.

Théorème 1. (Théorème d'existence)

Soit M une variété de classe C^{∞}, étalée, modelée sur E , J un plongement fermé de E dans F tel que $J(E)$ soit un sous-espace de codimension infinie de F. Il existe un $L(J)$ plongement fermé j de M dans F .

Démonstration.

Elle se fait en plusieurs lemmes.

Lemme 1.

Il existe une $L(I)$-application f de M dans E. (I est l'application identique de E dans E).

Soit (U_i , φ_i) $(i \in \mathbb{N})$ un atlas dénombrable de M pour la structure étalée, tel que le recouvrement par les (U_i) soit finiement étoilé. Soit (μ_i) $(i \in \mathbb{N})$ une partition de l'unité de classe C^∞ subordonnée à ce recouvrement.

Posons $f(x) = \sum_{i \in \mathbb{N}} \mu_i(x)\, \varphi_i(x)$. On vérifie facilement que f est l'application cherchée.

Posons $f_1 = J \circ f$. $J \circ f$ est une $L(J)$ application de M dans F.

Lemme 2.

Soit f_1 une $L(J)$ application de M dans F, r une application continue de M dans $\mathbb{R}^+$; il existe une application k de M dans F telle que :

(i) k est localement de dimension finie (quel que soit $x \in M$, il existe un voisinage U de x et un sous-espace de dimension finie, A_U de F, tels que $k(U) \subset A_U$).

(ii) $|k(x)| < r(x)$.

(iii) $f + k$ est une $L(J)$ immersion.

(iv) $\overline{k(M)}$ est un sous-ensemble compact de F.

Démonstration.

Considérons un atlas (U_i , φ_i) $(i \in M)$ de M pour la structure étalée tel que :

a) le recouvrement par les ouverts U_i est finiement étoilé.

b) $\inf_{x \in U_i} r(x) = r_i$ et $r_i > 0$.

c) $\varphi_i(U_i)$ est contenu dans la boule unité de $E ; E(1)$.

d) Il existe une famille A_i $(i \in \mathbb{N})$ de sous-espaces de dimension finie de F telle que

$$f_1 \circ \varphi_i^{-1} = J + \alpha_i \quad \text{et} \quad \alpha_i(U_i) \subset A_i .$$

L'existence d'un tel atlas est triviale.

Nous allons construire l'application k par induction successivement sur chaque ouvert U_i.

Soit B_i $(i \in \mathbb{N})$ une suite de sous-espaces de dimension finie de F tels que :

(i) $\dim B_i = \dim A_i$.

(ii) B_i est contenu dans un sous-espace supplémentaire de l'espace engendré par $J(E)$, par les sous-espaces A_j, pour tous les indices j, en nombre fini, tels que $U_j \cap Y_i \neq 0$, les sous-espaces B_j pour $(1 \leqslant j \leqslant i-1)$.

$J(E)$ étant de codimension infinie il est possible de construire la suite B_i.

Soit p_i la composition de la projection orthogonale sur A_i avec un isomorphisme linéaire de norme 1 de A_i sur B_i.

Considérons l'application f'_i définie sur U_i par :

$$f'_i = f_1 + p_i \circ J \circ \varphi_i .$$

$$f'_i \circ \varphi_i^{-1} = f_1 \circ \varphi_i^{-1} + p_i \circ J$$

$$= J + \alpha_i + p_i \circ J$$

où $\alpha_i(\varphi_i(U_i)) \subset A_i$

posons $p_i \circ J = \beta_i$ $\qquad f'_i \circ \varphi_i^{-1} = J + \alpha_i + \beta_i$

L'application f'_i est une immersion :

$$D_x(f'_i \circ \varphi_i^{-1}) = J + D_x \alpha_i + D_x \beta_i$$

Soit v un vecteur de E tel que

$D_x(f'_i \circ \varphi_i^{-1}). v = 0$

$$J.v + D_x\alpha_i . v + D_x \beta_i.v = 0$$

$D_x\beta_i.v$ est linéairement indépendant de

$$J.v + D_x\alpha_i . v .$$

Donc $D_x \beta_i.v = 0$ et $J.v + D_x\alpha_i.v = 0$

$$J.v = - D_x \alpha_i . v$$

Donc v est situé dans A_i .

p_i étant un isomorphisme de A_i sur B_i $D_x\beta_i . v = 0$ entraîne $v = 0$.

f'_i est une immersion.

$f'_i = f_1 + k'_i$.

Pour obtenir k nous allons recoller les applications k'_i grâce à des fonctions convenables. Soit V_i $(i \in \mathbb{N})$ un recouvrement ouvert finiement étoilé de M tel que $\overline{V}_i \subset U_i$. Soit χ_i une application de classe C^∞ de M dans $\mathbb{R}^+$ telle que : $\chi_i^{-1}(1) = \overline{V}_i$ et $\chi_i = 0$ en dehors de U_i .

Posons par récurrence :

$$k_1(x) = f_1(x) + \frac{r_1}{2} \chi_1(x)\ p_1 \circ J \circ \varphi_1(x)$$

$$k_i(x) = k_{i-1} + \frac{1}{2^i}\ r_i\ \chi_i(x)\ p_i \circ J \circ \varphi_i(x)$$

Le recouvrement par les ouverts U_i étant finiement étoilé, la suite k_i se stabilise au voisinage de tout point et nous pouvons poser :

$$k = \lim_{i \to \infty} k_i$$

Montrons que k est l'application cherchée. La propriété (i) est triviale à vérifier.

(ii) $|k(x)| \leq \sum_{i \in I_x} \frac{1}{2^i} r_i$

où $I_x = \{i \; ; \; x \in U_i\}$.

$|k(x)| \leq \sup_{i \in I_x} r_i$

$$|k(x) \leq r(x)$$

(iii) calculons, dans la carte $(U_i \, , \, \varphi_i)$, $D(f_1 + k)$

$$D_x((f_1 + k) \circ \varphi_i^{-1}) = J + D_x \alpha_i +$$

$$+ \sum_{j \in I_x} \frac{1}{2^j} r_j \chi_j p_j \circ J \times D_x(\varphi_j \circ \varphi_i^{-1})$$

$$+ \sum_{j \in I_x} \frac{1}{2^j} r_j D_x \chi_j p_j \circ J \circ \varphi_j \circ \varphi_i^{-1}$$

Or si v est un vecteur de E

$(D_x \chi_j . v) \; p_j \circ J \circ \varphi_j \circ \varphi_i^{-1}$ est un vecteur de B_j .

$J(v) + D_x \alpha_i . v$ est un vecteur de l'espace engendré par

$$J(E) \text{ et } A_i$$

$r_j \chi_j . \; p_j \circ J \times D_x(\varphi_j \circ \varphi_i^{-1}).v$ est un vecteur de B_j .

Le même raisonnement d'indépendance linéaire que celui fait précédemment, montre que si :

$D_x(f_1 + k).v = 0$

$J(v) + D_x\alpha_i.v = 0$, donc $v \in A_i$.

Donc pour tout $j \in I_x$ la composante suivant B_j de $D_x(f_1 + k).v$ est nulle.

$\chi_i(x)p_i \circ J(v) + D_x\chi_i.v \; p_i \circ J(x) = 0$

si $x \in V_i$ $D_x\chi_i = 0$ et p_i étant un isomorphisme de A_i sur B_i nous en déduisons que $v = 0$.

Les V_i formant un recouvrement de M , $(f_1 + k)$ est une immersion.

(iv) Nous pouvons toujours supposer $\sup_{i\in\mathbb{N}} r_i < 1$ $k(M) \subset \prod_{i\in\mathbb{N}} \frac{B_i(1)}{2^i}$

où $B_i(1)$ est la boule de rayon 1 de B_i . Il existe une application continue naturelle h du cube compact I^∞ dans F telle que :

$$h(I^\infty) = \prod_{i\in\mathbb{N}} \frac{B_i(1)}{2^i}$$

$\overline{K(M)} \subset h(I^\infty)$ donc $\overline{k(M)}$ est compact.

Lemme 3.

Soit f_1 une $L(J)$ immersion de M dans F , r une application continue de M dans $\mathbb{R}^+$, il existe une application k_2 de M dans F , de classe C^∞ telle que :

(i) k_2 est localement de dimension finie.

(ii) $|k_2(x)| < r(x)$.

(iii) $f_2 = f_1 + k_2$ est une $L(J)$ immersion et une bijection de M sur $f_2(M)$.

(iv) $\overline{k_2(M)}$ est un sous-ensemble compact de F .

Démonstration.

Les notations sont les mêmes que celles du lemme 2. Considérons un recouvrement de M finiement étoilé, plus fin que celui considéré au lemme 2, par des ouverts W_i $(i \in \mathbb{N})$ tels que la restriction de f_1 à W_i soit injective. On suppose en outre que chaque W_i ne rencontre qu'un nombre fini d'ouverts U_i.

On suppose d'autre part, que la suite B_i a été choisie de sorte qu'il existe une suite infinie $(z_1, \dots, z_i, \dots)$ de vecteurs de F linéairement indépendants telle que z_i n'appartienne pas à l'espace engendré par $J(E)$, les A_j pour tous les indices j tels que $W_i \cap U_j \neq \emptyset$, les B_k pour tous les indices k tels que $1 \leqslant k \leqslant i$.

Soit $r'_j = \inf_{x \in W_j} r(x)$

Soit μ'_j une partition de l'unité de classe C^∞ subordonnée au recouvrement par les ouverts W_j :

Posons $k_2(x) = \sum_{j \in \mathbb{N}} \frac{1}{2^j} \mu'_j(x)\, r_j\, z_j$.

On vérifie de même que précédemment les propriétés (i), (ii), (iv) de k_2.

Vérifions la propriété (iii).

Pour les mêmes raisons que précédemment $f_1 + k_2$ est une immersion.

Soient x et y deux points de M tels que :

$$f_1(x) + k_2(x) = f_1(y) + k_2(y)$$

Les composantes de chacun des membres de l'égalité suivant les vecteurs z_i sont égales. Donc $k_2(x) = k_2(y)$ et $f_1(x) = f_1(y)$.

Donc il existe une famille finie d'ouverts

$$W_{i_k} \quad (1 \leqslant k \leqslant n) \quad \text{telle que :}$$

$$x \in \bigcap_{1 \leqslant k \leqslant n} W_{i_k} \quad \text{et} \quad y \in \bigcap_{1 \leqslant k \leqslant n} W_{i_k}$$

la restriction de f_1 à chacun de ces W_i étant injective, on en déduit $x = y$.

Lemme 4.

Soit f une $L(J)$ application de M dans F et δ une application continue de F dans R^+ ; il existe une $L(J)$ application propre $\bar{f}$ de M dans F telle que pour tout x :

$$|f(x) - \bar{f}(x)| < \delta(f(x))$$

Démonstration du lemme 4.

Soit E' le supplémentaire orthogonal de $J(E)$ dans F . Nous identifierons souvent F à $J(E) \times E'$, E' est de dimension infinie et admet une base orthonormale e'_n $(n \in \mathbb{N})$.

Soit E'_n l'espace engendré par les e'_{i_1} $(1 \leqslant i \leqslant n)$

Soit E'^n l'espace engendré par les e'_j $(j > n)$.

Soient p_n et p^n les projections orthogonales sur E'_n et E'^n respectivement. Soit Z_n le voisinage tubulaire de l'espace engendré par $J(E)$ et E'_n , de rayon δ :

Soit Z'_n le voisinage tubulaire de l'espace engendré par $J(E)$ et E'_n de rayon $\delta/2$.

$\bigcup_{n \in N} E'_n$ est danse dans E' .

$\bigcup_{n \in N} J(E) \times E'_n$ est dense dans F .

Donc $\bigcup_{n \in \mathbb{N}} Z_n = \bigcup_{n \in \mathbb{N}} Z'_n = F$.

L'application f étant une $L(J)$ application est localement propre d'après le chapitre 3 , proposition 1 . D'autre part, si K est un compact de F , il existe un entier n tel que $K \subset Z_n$. Nous allons construire l'application $\bar{f}$ de sorte que $\bar{f}^{-1}(Z_n)$ soit recouvert par un nombre fini d'ouverts V_i ; la restriction de $\bar{f}$ à chacun de ces V_i étant propre, nous en déduirons que $\bar{f}$ est propre. Plus explicitement, considérons un atlas (U_i, φ_i) $(i \in \mathbb{N})$ de M pour la structure étalée tel que :

- le recouvrement par les ouverts U_i est finiment étoilé.

- Sur U_i $f \circ \varphi_i^{-1} = J + \alpha_i$.

Il existe un entier n_i tel que :

$$\alpha_i \circ \varphi_i(U_i) \subset J(E) \times E'_{n_i} \quad .$$

Soit V_i $(i \in \mathbb{N})$ un recouvrement ouvert finiement étoilé de M tel que $\bar{V}_i \subset U_i$. Soit $\{\bar{j}\}$ une suite infinie croissante d'entiers telle que $\bar{j} > j$ et telle que $e_{\bar{j}}^{\perp}$ ne soit pas situé dans E'_{n_i} toutes les fois que $U_i \cap U_j \neq \emptyset$. Nous allons définir une suite λ_n d'applications de M dans $\mathbb{R}^+$ et une suite k_n d'applications de M dans F telles que :

(i) λ_n et k_n sont de classe C^∞ et :

$$k_n(x) = \sum_{j=1}^{n} \lambda_j(x)\, e_{\bar{j}}^{\perp} \quad .$$

(ii) (Support $\lambda_j) \subset U_j$

(iii) $|k_n(x)| < \delta(f(x))$

(iv) $(f + k_n)(\bar{V}_i) \subset$ complémentaire Z'_{i-1} quel que soit i vérifiant $1 \leq i \leq n$.

(Z'_o est de voisinage tubulaire de $J(E)$ de rayon $\delta'/2$) .

<u>Construction des suites k_n et λ_n.</u>

Posons $\lambda_o = 0$ $k_o = 0$.

Supposons par récurrence construits λ_{n-1} et k_{n-1} vérifiant les propriétés (i), (ii), (iii), (iv) .

Soit μ_n une application de classe C^∞ de M dans $[0,1]$ telle que : Support $\mu_n \subset U_n$ $\mu_n^{-1}(1) \supset \bar{V}_n$.

Soit ξ_n une application de classe C^∞ de F dans $\mathbb{R}$ qui sera déterminée dans la suite.

Posons : $\underline{\lambda_n(x) = \mu_n(x)\ \xi_n(f(x) + k_{n-1}(x))}$

$\underline{k_n(x) = k_{n-1}(x) + \lambda_n(x)\ e'_{\bar{n}}}$

Soit i $1 \leqslant i \leqslant n-1$.

$$p^{i-1}(f(x) + k_n(x)) = p^{i-1}(f(x) + k_{n-1}(x)) + \lambda_n(x)\ e'_{\bar{n}}$$

D'après la condition sur le choix de la suite $\{\bar{j}\}$, en tout point x où $\lambda_n(x) \neq 0$, $e'_{\bar{n}}$ est orthogonal à $f(x) + k_{n-1}(x) - x$ donc $1 \leqslant i \leqslant n-1$ $\quad |p^{i-1}(f(x) + k_n(x))| \geqslant |p^{i-1}f(x) + k_{n-1}(x)|$

La condition (iv) est donc vérifiée par récurrence pour les indices i $1 \leqslant i \leqslant n-1$.

Déterminons les conditions à imposer à l'application ξ_n pour que la condition (iv) soit vérifiée pour l'indice n.

$$p_{n-1}(f(x) + k_n(x)) = p_{n-1}(f(x) + k_{n-1}(x))$$

(puisque $\bar{n} \geqslant n$).

La condition (iv) s'écrit :

$$|p^{n-1}(f(x) + k_n(x))| > (1/2\ \delta(p_{n-1}(f(x) + k_{n-1}(x))).$$

Le problème est de construire une application ξ_n de classe C^∞ de $J(E) \times E'_{\bar{n}}$ dans $\mathbb{R}$ telle que :

$\delta(p_{n-1}(y)) > |\ p^{n-1}(y + \xi_n(y)\ e'_{\bar{n}})| > \frac{1}{2}\ \delta(p_{n-1}(y))$.

Soit $A = \{y\ ;\ y \in J(E) \times E'_{\bar{n}}\ ;\ |p^{n-1}(y)| < 3/4\ \delta(p_{n-1}(y))\}$

Pour tout y point de A, soit I_y l'intervalle de R défini par :

$$I_y = \{t\ ;\ t \in \mathbb{R} \qquad 1/2\ \delta(p_{n-1}(y) < |p^{n-1}(y + te_{\bar{n}})| < \tfrac{3}{4}\ \delta(p_{n-1}(y)\}$$

quel que soit y_o point de A, il existe un voisinage ouvert O_{y_o} de y_o et un réel t_{y_o}, tels que, quel que soit y dans O_{y_o}, t_{y_o} appartienne à I_y.

D'après l'appendice, il existe un recouvrement ouvert, localement fini de A par des ouverts O'_i tels que :

si $y \in O'_i$ et $O'_j \cap O'_i \neq \emptyset$ alors $O'_j \subset O_y$

Soit $\chi_i (i \in \mathbb{N})$ une partition de l'unité subordonnée à ce recouvrement. Pour chaque indice i nous choisissons un réel t_i tel que $t_i \in I_{y_i}$ pour un $y_i \in O'_i$.

Posons $\xi_n(y) = \sum_{i \in \mathbb{N}} \chi_i(y) t_i$.

Chaque I_y étant convexe l'application η définie sur A est l'application cherchée

D'autre part, soit B le fermé de A tel que :

$B = \{y \ ; \ y \in A \qquad 2/3\, \delta(p_{n-1}(y)) \leqslant |p^{n-1}(y)|\}$ quel que soit $y \in B$

$0 \in I_y$.

En choisissant le recouvrement par les ouverts O'_i assez fin et en posant $t_i = 0$ si $O'_i \cap B \neq 0$, on peut construire l'application ξ_n de sorte que $\xi_n = 0$ en dehors d'un ouvert $C : \bar{B} \subset C \subset \bar{C} \subset A$. Nous pouvons donc prolonger ξ_n par 0 en dehors de A. On vérifie que l'application ainsi prolongée est de classe C^∞ et est l'application cherchée.

Fin de la Démonstration

Posons $\bar{f} = \lim_{n \to \infty}(f + k_n)$.

Le recouvrement par les U_n étant localement fini la suite k_n se stabilise au voisinage de tout point et l'application $\bar{f}$ est bien définie, et de classe C^∞.

D'après la condition (iv) sur k_n et λ_n :

$\bar{f}(\bar{V}_i) \subset$ complémentaire Z'_{i-1} .

Donc $\bar{V}_1 \cup \ldots \cup \bar{V}_n \supset \bar{f}^{-1}(Z'_{n-1})$.

La restriction de f à chacun des $\bar{V}_i$ est propre. Sur U_i $\bar{f}(x) = f(x) + k_i(x)$

$k_i(\bar{V}_i)$ est compact, donc la restriction de $\bar{f}$ à $\bar{V}_i$ est propre.

On en déduit que $\bar{f}$ est propre.

$$|f(x) - \bar{f}(x)| = |\sum_{n\in\mathbb{N}} \mu_n(x)\, \xi_n(f(x) + k_{n-1}(x))|$$

$$\leqslant \sup_{n\in\mathbb{N}} |k_n(x)|$$

$$\leqslant \sup_{n\in\mathbb{N}} \delta(f(x))$$

D'après la condition (iii).

L'application $\bar{f}$ est l'application cherchée.

Fin de la démonstration du théorème 1.

Soit f une $L(\mathfrak{J})$application de M dans F.

Soit δ une application continue de F dans $\mathbb{R}^+$.

D'après le lemme 4, il existe une application propre $\bar{f}$ telle que :

$$|f(x) - \bar{f}(x)| < \delta(f(x))$$

Appliquant successivement les lemmes 2 et 3 en détermine une application compacte k telle que :

$$|k(x)| < \delta(f(x)) \qquad \text{et telle que } \bar{f} + k$$

soit une immersion bijective.

$\bar{f} + k$ est une application propre.

La même démonstration que celle faite en dimension finie montre que une immersion bijective propre est un plongement.

Posons $f_{\bullet} + k = j$, j est le plongement cherché.

Corollaire du théorème 1.

Soit M une variété étalée de classe C^{∞} modelée sur E , il existe un difféomorphisme étalé de $M \times E$ sur l'espace total d'un fibré étalé de fibre E et de base un ouvert Ω de E .

Démonstration du corollaire.

Soient J un plongement de E dans $E \times E$, j un $L(J)$ plongement de M dans $E \times E$.

Soit $V(M)$ le fibré normal du plongement j et Ω un voisinage tubulaire de $j(M)$. Ω est difféomorphe à un voisinage ouvert de la section nulle de $V(M)$, donc à $V(M)$ d'après le chapitre IV corollaire 2.

Soit $\tau(M)$ le fibré tangent à M . La restriction à $j(M)$ du fibré tangent à $E \times E$ est le fibré sur M d'espace total $M \times E$.

(1) $M \times E = \tau(M) \oplus V(M)$

Soit π la projection canonique $V(M) \to M$.

Soit $\pi^*(\tau(M))$ le fibré image réciproque par π du fibré tangent à M . $V(M)$ étant difféomorphe à Ω . Nous pouvons considérer $\pi^*(\tau(M))$ comme fibré sur Ω .

Soit π' la projection $\tau(M) \to M$

$\pi_{\mathcal{E}}(\tau(M)) = \{(u,v) \; ; \; u \in (M), v \in \tau(M) \quad \pi(u) = \pi'(v)\}$.

D'après l'égalité (1) nous pouvons définir l'application φ de $\pi^*(\tau(M))$ dans $M \times E$.

$$\varphi(u,v) = u + v \quad .$$

On vérifie que φ est un difféomorphisme étalé : $\pi^*(\tau(M))$ est le fibré cherché.

Théorème 2.

Soit X un ouvert de F , M une variété étalée de classe C^∞ modelée sur E,h une $L(J)$ application de M dans X et r une application de X dans R^+ , il existe un $L(J)$ plongement fermé de h de M dans X tel que :

$$|\bar{h}(x) - h(x)| < r(h(x)) .$$

Addendum.

Si Ω_1 est un voisinage ouvert d'un sous-ensemble fermé G de M et si la restriction de h à un voisinage de Ω_1 est un $L(J)$plongement, tel que :

1) si $h(x) \in h(\bar{\Omega}_1)$ alors $x \in \bar{\Omega}_1$.

2) et $(\overline{h(M)} - h(M)) \cap h(\bar{\Omega}_1) = \emptyset$

On peut choisir $\bar{h}$ égal à h sur G .

Démonstration.

Sans l'addendum, le théorème 2 est une conséquence directe des lemmes 2,3 et 4.

Démontrons l'addendum :

Soient Ω_1 et Ω_2 deux voisinages de G dans M tel que :

$$\bar{\Omega}_2 \subset \Omega_1$$

considérons un recouvrement de M par l'ouvert Ω_1 et par des ouverts U_i tels que

$$\bar{\Omega}_2 \cap \bar{U}_i = \emptyset$$

Il existe une application $\bar{r}$ de Ω dans $\mathbb{R}^+$ $(\bar{r} < r)$ telle que si nous reprenons les démonstrations des lemmes 2,3,4 en utilisant le recouvrement de M par Ω_1 et les ouverts U_i $(i \in \mathbb{N})$ et en supposant, à chaque étape de la démonstration que la fonction h n'est pas modifiée sur Ω_1 , l'application $\bar{h}$ construite telle que :

$$|h(x) - \bar{h}(x)| < \bar{r}(h(x)$$

est l'application cherchée.

Déterminons $\bar{r}$.

Il existe une application ρ de $\mathcal{X}$ dans $\mathbb{R}^+$ telle que :

1°) si $y \in X$, $B_{\rho(y)}(y) \subset X$

2°) $\rho(x) < \frac{1}{2} r(y)$ quel que soit $x \in B_{\rho(y)}(y)$
$\overline{h(M - \Omega_1)} \cap \overline{h(\Omega_2)} = \emptyset$;

donc il existe une application ρ' de Ω dans R^+ continue telle que :

$$B_{\rho'(x)}(x) \cap h(\overline{\Omega}_2) = \emptyset \qquad \text{si } x \in \overline{h(M - \Omega_1)} \ .$$

On prend $\bar{r} < \frac{1}{2}(\inf(\rho,\rho')$ $\bar{r}$ est l'application cherchée.

<u>Théorème 3.</u> (Généralisation au cas des variétés étalées du lemme de Hirsch).

Soient M et N deux variétés étalées modelées sur E et F respectivement. Soient I et I' deux intervalles de R , $I = [0,1]$,

$$I' =]-\varepsilon \ , \ 1+\varepsilon[\ .$$

Soit J un plongement linéaire de E dans F . Soit $\Phi : M \times I' \to N \times I'$ une isotopie de plongements de M dans N .

Posons $\Phi(x,t) = (\Phi_t(x),t)$.

Soit π la projection canonique de $N \times I'$ sur N . On suppose qu'il existe $\varepsilon' > 0$ tel que la restriction de $\pi \circ \Phi$ à $M \times [-\varepsilon' \ , \ 1 + \varepsilon']$ soit un plongement fermé étalé.

Il existe une isotopie étalée Ψ de N $(\Psi(y,t) = (\Psi_t(y),t)$ telle que Ψ_0 = identité :

$$\Psi_1 \circ \Phi_0 = \Phi_1$$

En outre, on peut supposer que le support de Ψ est contenu dans un voisinage tubulaire Ω arbitraire de $\pi \circ \Phi(M \times [0,1])$.

Remarque : il n'est pas nécessaire de supposer $J(E)$ de codimension infinie.

Démonstration.

Le principe de la démonstration est montré par la figure suivante (fait dans le cas où $N = E$ $M = 1$ point).

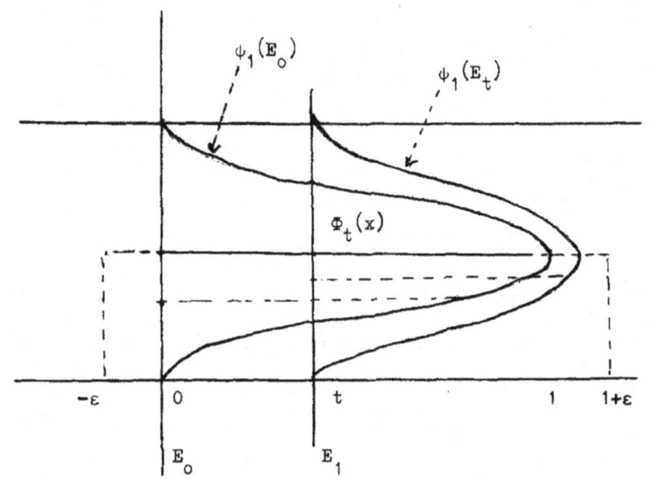

E_t est la fibre de $\Phi_t(\{M\})$ dans un voisinage tubulaire de $\pi \circ \Phi(M \times J)$

Dans le cas général, il existe un fibré (p) $\mathcal{E} \xrightarrow{p} M$ de base M, d'espace total ξ, un réel α $(0 < \alpha < \varepsilon')$ et un difféomorphisme η de $\mathcal{E}(1) \times]-\alpha, 1+\alpha[$ sur un voisinage Ω' de $\pi \circ \Phi(M \times [0,1])$ contenu dans Ω.

Utilisant ce difféomorphisme un point de Ω' sera déterminé par deux composantes (ξ,θ) $\xi \subset \mathcal{E}(1)$ $\theta \in]-\alpha, 1+\alpha[$.

Nous définissons deux applications de $\mathbb{R}$ dans $\mathbb{R}$ de classe C^∞ γ et φ dont les graphes sont représentés sur les figures ci-dessous.

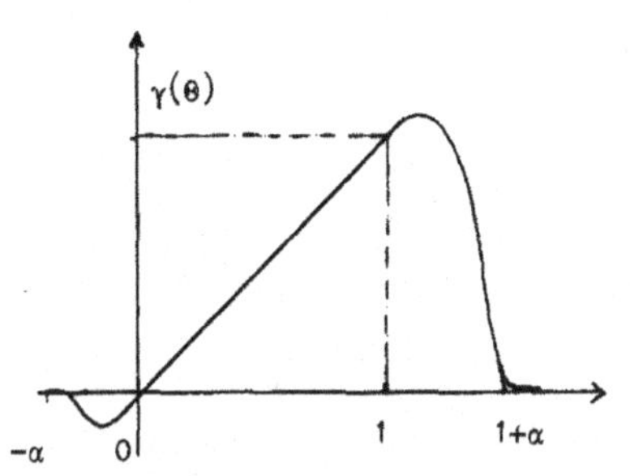

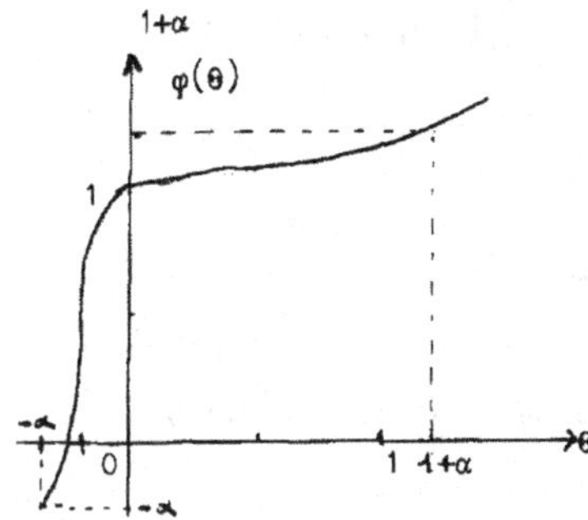

en dehors de $]-\alpha, 1+\alpha[$ $\quad \gamma(\theta) = 0 \quad \varphi(\theta) = \theta$

si $\theta \in [0,1]$ $\quad \gamma(\theta) = \theta \quad \varphi(0) = 1$.

Soit β une application de classe C^∞ de $\mathfrak{E}$ dans $[0,1]$ égale à 1 sur un voisinage de la section nulle, 0 en dehors de $\mathfrak{E}(1)$.

Nous posons :

$$\underline{\Psi(\xi,\theta,t) = (\xi, \lambda_{\xi,t}(\theta),t)}$$

Avec $\quad \underline{\lambda_{\xi,t}(\theta) = [1 - \gamma(\beta(\xi)t)]\,\theta + \gamma(\beta(\xi)t)\,\varphi(\theta)}$.

Vérifions que pour t et ξ fixés $\lambda_{\xi,t}(\theta)$ est un difféomorphisme de R sur R.

$$\lambda'_{\xi,t}(\theta) = 1 - \gamma(\beta(\xi)t) + \gamma(\beta(\xi)t)\,\varphi'(\theta) .$$

Il existe un réel $k > 0$ tel que $\varphi'(\theta) > k$.

Soit $M = \sup_{\theta \in \mathbb{R}} \gamma(\theta)$.

Nous pouvons construire γ de sorte que M soit arbitrairement proche de 1 .

φ étant connue, nous choisissons γ de sorte que :

$$1 + k(1 - M) > 0 .$$

Dans ces conditions, $\lambda'_{\xi,t}(\theta) > 0$, $\lambda_{\xi,t}$ est un difféomorphisme.

Donc $\Psi_t(\xi,\theta)$ est un difféomorphisme étalé de N . On vérifie immédiatement que :

$\Psi_0 = id$. $\quad \Psi_t = id$ en dehors de Ω (dans ce cas $\beta(\xi) = 0$)

et $\psi(\xi,0,1) = (\xi,1,1)$

Ψ est l'isotopie cherchée.

Théorème 4.

Soit J un plongement linéaire d'un espace de Hilbert E dans un espace de Hilbert F tel que $J(E)$ soit de codimension infinie. Soient j_0 et j_1 deux $L(J)$ plongements homotopes d'une variété étalée M modelée sur E dans F.

Il existe une isotopie Φ de F , étalée, telle que ; quel que soit x dans M , on ait :

$$\Phi(j_0(x),1) = (j_1(x), 1)$$

Démonstration du théorème 4.

Utilisant le fait que la codimension de $j_0(M)$ et de $j_1(M)$ est infinie, nous allons montrer que nous pouvons nous ramener grâce au théorème 2 à une situation dans laquelle nous appliquons le théorème 3.

Lemme 1.

Il existe une isotopie étalée Ψ' de N $\Psi' : N \times [0,2] \to N \times [0,2])$ telle que :

$\Psi'_2(j_0(M))$ soit une sous-variété de N disjointe d'un voisinage tubulaire de $j_0(M)$ et de $j_1(M)$.

Soit Ω_0 un voisinage tubulaire de $j_0(M)$ dans N. appliquant l'addendum du théorème de Bessaga (chapitre IV., théorème 1), dans chaque fibre de Ω_0 nous construisons une isotopie Ψ_0 de N $\Psi_0 : N \times [0,1] \to N \times [0,1]$ telle que

$\Psi_0(N,1) = (N - j_0(M),1)$.

On vérifie que $\Psi_{0,1}(j_0(M))$ ne rencontre pas un voisinage tubulaire de $j_0(M)$ (la construction de Ψ_0 est la même que celle faite au chapitre IV , corollaire 2) .

De même nous construisons une isotopie Ψ_1 de $N - j_o(M)$

$$\Psi_1(N - j_o(M)) \times [1,2] \to (N - j_o(M)) \times [1,2]$$

$$\Psi_1(N - j_o(M),2) = (N - j_o(M) - j_1(M),2)$$

La composée de Ψ_o et de Ψ_1 est une isotopie $\Psi' : N \times [0,2] \to N \times [0,2]$ telle que la restriction de Ψ à $N \times \{0\}$ est l'identité et,

$$\Psi(N,2) = (N - j_o(M) - j_1(M),2) \quad .$$

Posons $\Psi'(x,2) = (\Psi'_2(x),2)$

Ψ' est l'isotopie cherchée.

Lemme 2.

Les hypothèses étant celles du théorème 3 , nous supposons en outre que , il existe un voisinage tubulaire de $j_o(M)$ disjoint de $j_1(M)$. Il existe L(J) un plongement j $M \times]-\varepsilon , 1 + \varepsilon[$ dans N tel que la restriction de j à $M \times \{0\}$ coïncide avec j_o et la restriction de j à $M \times \{1\}$ coincide avec j_1 .

Démonstration du lemme 2.

j_o et j_1 étant deux plongements homotopes disjoints, il existe une L(J) application $f : M \times [0,1] \to F$ telle que $f|M \times \{0\} = j_o$ et $f|M \times \{1\} = j_1$. Il existe deux ouverts Ω_o et Ω_1 tels que :

$$\Omega_o \supset j_o(M) \qquad \Omega_1 \supset j_1(M) \qquad \Omega_o \cap \Omega_1 = \emptyset \; .$$

Il existe une application $\bar{f}_i$ de $M \times \mathbb{R}$ dans F, qui coincide avec j_i sur $M \times \{i\}$, dont la restriction à un voisinage de $M \times \{i\}$ est un plongement fermé dans Ω_i .

<u>construction de $\bar{f}_0$:</u>

Soit U_i $(i \in \mathbb{N})$ un recouvrement ouvert finiement étoilé de M , μ_i $(i \in \mathbb{N})$ une partition de l'unité de classe C^∞ qui lui est subordonnée. Il existe une suite d'entiers $\{\bar{i}\}$ telle que si nous posons $k(x) = \sum_{i \in \mathbb{N}} \mu_i(x) \; e_{\bar{i}}$,

$k(U_i)$ soit contenu dans un sous-espace supplémentaire de $f(U_i)$.

Posons $\bar{f}_0(t,x) = f(x) + tk(x)$.

On vérifie que $\bar{f}_0$ est l'application cherchée.

On construit de même $\bar{f}_1$. Considérons un recouvrement de l'intervalle $]-\varepsilon , 1 + \varepsilon[$ par 3 ouverts :

$$A_0 =]-\varepsilon , +\varepsilon[\quad , A_2 =]\varepsilon' , \quad 1 - \varepsilon'[\quad , A_1 =]1 - \varepsilon , \quad 1 + \varepsilon[$$

$(0 < \varepsilon' < \varepsilon)$.

Soit α_i $(i = 1,2,3)$ une partition de l'unité subordonnée à ce recouvrement.

Posons $\bar{f}(x,t) = \Sigma \, \alpha_i(t) \, \bar{f}_i(x,t)$.

$(\bar{f}_2(x,t) = f(x,t))$

$\bar{f}$ est une $L(J)$ application de $M \times]-\varepsilon , 1 + \varepsilon[$ dans F et la restriction de $\bar{f}$ à un voisinage de $M \times \{0,1\}$ est un plongement fermé qui ne recoupe par $\bar{f}(M \times]1-\varepsilon , 1 + \varepsilon[)$. Nous pouvons appliquer à $\bar{f}$ le théorème 2 . Il existe un plongement de $M \times]-\varepsilon , 1 + \varepsilon[$ dans F qui coïncide avec j_0 sur $M \times \{0\}$ et j_1 sur $M \times \{1\}$.

<u>Fin de la démonstration du théorème 4.</u>

Appliquant le lemme 1, nous construisons d'abord une isotopie Ψ' ,. Appliquant le lemme 2 et le théorème 3 d'isotopie de Hirsch, nous construisons une isotopie Ψ'' de F telle que :

$$\Psi''_1 \circ j_2 = j_1 \; .$$

Posons <u>$\Phi = \Psi'' \circ \Psi'$</u>

Φ est l'isotopie cherchée.

CHAPITRE VIII.

THEOREME DE STABILITE

Ce théorème est un des théorèmes fondamentaux démontrés dans ce cours. La démonstration est inspirée de celles de [8] et [9] faites dans le cas où la variété est un ouvert d'un espace de Banach.

Dans tout ce chapitre, E désignera un espace de Hilbert muni d'une base orthonormale $e_1, \dots, e_n \dots$ Soient E_n l'espace engendré par les vecteurs e_i tels que $1 \leqslant i \leqslant n$; E^n l'espace engendré par les vecteurs e_i tels que $(i > n)$. Soit π_n respectivement π^n la projection orthogonale sur E_n (respectivement sur E^n).

Théorème de stabilité

Soit T un isomorphisme linéaire $E \times E \to E$. Soit M une variété étalée modelée sur E. Il existe une $L(T)$ difféomorphisme $\varphi : M \times E \to M$.

I. PRINCIPES GENERAUX DE LA DEMONSTRATION

1) Suivant [6], nous construisons une famille de sous-variétés de dimension finie M_n de M (M_n est de dimension n) telles que :

a) $M_n \subset M_{n+1}$

b) $\bigcup_{n \in \mathbb{N}} M_n$ est dense dans M.

En raffinant un peu la démonstration de [6], nous construisons pour tout entier n un voisinage tubulaire fermé D_n d'un compact de M_n. Les D_n vérifient les propriétés suivantes :

a') $D_n \subset D_{n+1}$.

b') $\bigcup_{n\in\mathbb{N}} D_n = M$.

2°) Il existe pour tout n un L(T) difféomorphisme ψ_n :

$$\psi_n : D_n \times E \to D_n .$$

En appliquant le théorème d'isotopie des plongements et le théorème d'isotopie des voisinages tubulaires, nous modifions l'application ψ_n de manière à obtenir un L(T) difféomorphisme φ_n tel que le diagramme suivant soit commutatif pour tout n :

$$\begin{array}{ccc} D_n \times E & \xrightarrow{\varphi_n} & D_n \\ \downarrow{\scriptstyle i_n \times id_E} & & \downarrow{\scriptstyle i_n} \\ D_{n+1} \times E & \xrightarrow{\varphi_{n+1}} & D_{n+1} \end{array}$$

i_n est l'inclusion de D_n dans D_{n+1}.

L'application $\varphi = \lim_{n\to\infty} \varphi_n$ sera l'application cherchée.

II. CONSTRUCTION DES TUBES D_n

Proposition 1. Soit M une variété étalée modelée sur E. Il existe une famille de sous-variétés de M, M_n $(n \in \mathbb{N})$ telles que :

a) M_n est de dimension n

b) $M_n \subset M_{n+1}$

c) $\bigcup_{n\in\mathbb{N}} M_n$ est dense dans M.

Démonstration de la proposition 1.

D'après le chapitre III il existe une Φ_o-application $f : M \to E$.

D'après le théorème de transversalité de Smale (Chapitre III, corollaire 3), il existe un élément y_o de E tel que :

l'application f_1 définie par :

$$f_1(x) = f(x) + y_o$$

soit transversale à E_n quel que soit $n \in N$.

Posons $M_n = f_1^{-1}(E_n)$.

Les propriétés a) et b) sont vérifiées trivialement.

Vérification de la propriété c)

Soit x_o un point de M . Il existe une sous-variété N de M de codimension finie, contenant x_o et un voisinage Ω de x_o dans M tels que la différentielle de la restriction de f à $N \cap \Omega$ soit injective en tout point de $N \cap \Omega$. Il existe donc un ouvert $\Omega' \subset \Omega$ tel que $f_1(N \cap \Omega') = N_1$ soit une sous-variété de E , de classe C^∞ et de codimension finie.

Soit F_1 le sous-espace affine de E tangent à N_1 en $f_1(x_o) = y_o$. Sans perte de généralité, nous pouvons supposer $y_o \neq 0$. F_1 est de codimension finie, donc transversal à tout E_n pour n assez grand.

$F_1 \cap (\bigcup_{n \in \mathbb{N}} E_n)$ est dense dans F_1 .

Donc quel que soit le voisinage ouvert Ω_1 de y_o dans E , il existe un entier N tel que $N_1 \cap \Omega_1 \cap E_n$ ne soit pas vide.

Donc quel que soit l'ouvert Ω'' contenant x_o il existe un entier N'' tel que :

$$\Omega'' \cap N_1 \cap M_{N''} \quad \text{ne soit pas vide.}$$

Le raisonnement étant valable quel que soit le point x_o , $\bigcup_{n \in \mathbb{N}} M_n$ est dense dans M .

Nous remarquons que les sous-variétés M_n ne sont en général pas compactes.

Proposition 2.

Il existe sur M un propagateur s et un atlas (φ_i, W_i) $(i \in \mathbb{N})$ tels que l'application exponentielle exp associée à s vérifie les propriétés suivantes :

a) Dans une carte locale (φ_i, W_i) l'application exp est de la forme :

$$\exp(x,v) = (x, x + v + \gamma_i(x,v))$$

où l'image de γ_i est contenue dans un sous-espace de dimension finie $E_{n(w_i)}$ ne dépendant que de w_i.

b) Les sous-variétés $f^{-1}(E_n)$ sont totalement géodésiques. Nous poserons $M_n = f^{-1}(E_n)$.

Démonstration

Lemme 1.

Il existe sur M un atlas (W_i, φ_i) vérifiant les propriétés suivantes :

(i) Les W_i $(i \in N)$ forment un recouvrement ouvert dénombrable finiement étoilé de M.

(ii) $\varphi_i \circ \varphi_j^{-1} = Id_E + \alpha_{ij}$.

et Image de α_{ij} est contenue dans un sous-espace $E_{n(W_i)}$ ne dépendant que de W_i

(iii) $f \circ \varphi_i^{-1} = Id_E + \alpha_i$

et l'image de α_i est contenue dans $E_{n(W_i)}$.

(iv) Soit $n \geqslant n(W_i)$ et z un élément de E.

$$\varphi_i^{-1}(z + E_n) = W_i \cap f^{-1}(z + E_n)$$

(v) La restriction de f à $\overline{W_i}$ est propre. Un atlas vérifiant les propriétés (i) à (v) sera dit fortement étalé.

Démonstration de l'existence d'un atlas fortement étalé

Quel que soit x il existe un entier n_x tel que l'application linéaire tangente à f en x $T_x f$ soit transversale à E_n pour tout $n > n_x$. Donc il existe U_x voisinage de x tel que quel que soit y dans U_x, $T_y f$ soit transversale à E_n, $n \geqslant n_x$.

Il existe au voisinage du point x une carte locale (φ_x, U'_x) $(\overline{U'_x} \subset U_x)$ telle que dans cette carte les propriétés (iii) et (iv) soient vérifiée.

En effet, x et U_x étant choisis posons $m = n_x$.

$D(\pi^m \circ f)(x)$ est une application linéaire surjective $E \to E^m$.

Donc il existe un ouvert $U'_x \subset U_x$ et une carte φ_x, $\varphi_x : U_x \to E_m \times E^m$ telle que pour tout $y \in \varphi_x(U_x)$

$$\pi^m \circ f \circ \varphi_x^{-1}(y) = \pi^m(y)$$

$$f \circ \varphi_x^{-1}(y) = (\alpha_x(y), \pi^m(y))$$

et Image $\alpha_x \subset E_m$.

La propriété (iii) est donc vérifiée.

Si $n > m$ $\quad \pi^n \circ f \circ \varphi_x^{-1}(y) = \pi^n(y)$

Donc $\varphi_x(U_x) \cap (z + E_n) = \varphi_x \circ f^{-1}(z + E_n)$.

(car les deux sous-espaces ont même projection sur $E^n : \pi^n(z)$).

Nous pouvons extraire du recouvrement par les ouverts U'_x un recouvrement plus fin dénombrable par des ouverts (V_i) tel que l'atlas (φ_i, V_i) vérifie les propriétés (i), (iii) (iv), (v). Soit (W_j) $(j \in \mathbb{N})$ un recouvrement plus fin vérifiant la condition :

quel que soit j, il existe un entier $i(j)$ tel que : $W_j \cap W_{j'} \neq \emptyset$ entraîne $W_{j'} \subset V_{i(j)}$.

Supposons $W_j \cap W_{j'} \neq \emptyset$, le diagramme suivant est commutatif :

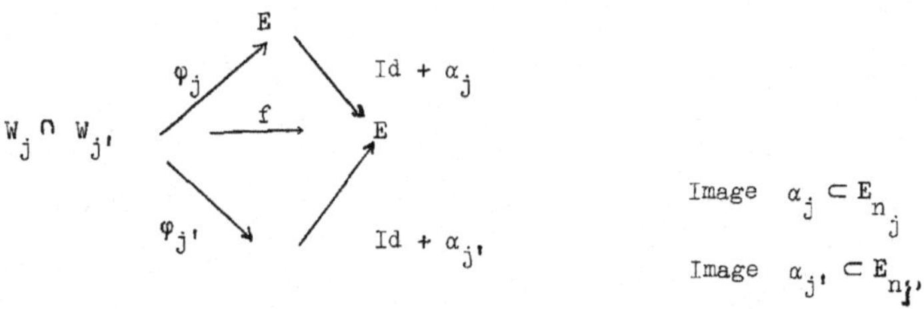

$\dot{W}_{j'} \subset V_{i(j)}$. Donc n_j et $n_{j'}$ sont majorés par $n(V_{i(j)})$

$$(\mathrm{Id} + \alpha_j) \circ \varphi_j = (\mathrm{Id} + \alpha_{j'}) \circ \varphi'_j$$

$$\varphi_j \circ \varphi_{j'}^{-1} = \mathrm{Id} + \alpha_{j'} - \alpha_j \circ \varphi_j \circ \varphi_{j'}^{-1} \ .$$

La propriété (ii) est donc vérifiée pour l'atlas (φ_j , W_j) .

<u>Fin de la démonstration de la proposition 2.</u>

Soit μ_i $(i \in \mathbb{N})$ une partition de l'unité subordonnée au recouvrement par les ouverts (W_i) sur W_i considérons le propagateur trivial s_i :
Posons $s = \Sigma\, \mu_i\, s_i$.

D'après les calculs faits au chapitre V et la propriété (ii) des atlas fortement étalés la propriété b) est vérifiée : dans la carte $\varphi_j(W_j)$

$$\exp(x,v) = (x, x + v + \gamma_i(x,v))$$

où Image $\gamma_i \subset E_{n(W_i)}$

si $(v + \gamma_i(x,v)) \in E_{n(W_i)}$ $v \in E_{n(W_i)}$.

D'après les propriétés (iii) et (iv) des atlas fortement étalés, nous en déduisons que si une géodésique joint 2 points $(x_o$ et $x_1)$ de $M_{n(W_i)}$ le vecteur v correspondant (tel que $(\exp(x_o,v) = x_1)$ est situé dans $E_{n(W_i)}$, donc tout le segment de géodésique joignant x_o et x est situé dans $M_{n(W_i)}$.

Construction, à l'aide du propagateur s d'une famille de voisinages tubulaires de M_n

Lemme 2.

Il existe une application fibrée $S : M \times E \to TM$ telle que l'application S_n restriction de S à $M_n \times E^n$ soit une trivialisation de $V(M_n)$ fibré normal du plongement de M_n dans M .

Démonstration.

Considérons l'application $S_i : W_i \times E \to TM/_{W_i}$ ($TM/_{W_i}$ est la restriction à W_i du fibré tangent à M , TM) définie par :

$$\underline{S_i(x,v) = T(\varphi_i^{-1})\ (\varphi_i(x),v)}$$

$(T(\varphi_i^{-1})$ est l'application tangente à l'application $\varphi_i^{-1} : E \to W_i)$.

Soit $\mu_i (i \in \mathbb{N})$ une partition de l'unité subordonnée au recouvrement par les ouverts $W_i)$.

Posons $S(x,v) = \sum_{i\in\mathbb{N}} \mu_i(x)\ S_i(x,v)$

Soit W_j un ouvert d'une carte tel que $W_j \cap M_n \neq \emptyset$.

Dans la carte (W_j , φ_j) exprimons l'application S .

Posons : $\Phi_j = T\,\varphi_j : TW_j \to \varphi_j(W_j) \times E$.

$$\Phi_j \circ S(x,v) = \Phi_j\Big(\sum_{i\in\Sigma_j} \mu_i(x)\ \Phi_i^{-1}(\varphi_i(x),v)\Big) .$$

La sommation est étendue à l'ensemble d'indice Σ_j :

$$\Sigma_j = \{i \; ; \; W_i \cap W_j \neq \emptyset\} .$$

$$\Phi_j \circ S(x,v) = \sum_{i \in \Sigma_j} \mu_i(x) \, \Phi_j \circ \Phi_i^{-1}(\varphi_i(x),v)$$

$$\Phi_j \circ S(x,v) = (\varphi_j(x) \; , \; v + \beta_j(x)(v))$$

où Image $\beta_j \subset E_{n(W_j)}$

Donc la restriction S_n à $M_n \times E^n$ de S est injective et l'image de $M_n \times E^n$ est un fibré transverse à TM_n. Le lemme en résulte :

Posons $T_n = \widetilde{\exp} \circ S_n$.

T_n est un difféomorphisme d'un voisinage de la section nulle de $M_n \times E^n$ sur un voisinage de M_n dans M .

Proposition 3.

Il existe une application continue $r : M \to R^+$ telle que :

quel que soit n la restriction à $M_n(X) \; E^n(r)$ de T_n est un difféomorphisme sur un voisinage de M_n dans M .

Démonstration.

Soit $(W_i \; , \; \varphi_i)$ une carte, d'après le lemme 2 et l'expression de $\widetilde{\exp}$, dans cette carte l'application T_n est de la forme :

$$T_n(x,v) = x + v + \tau_i(x,v)$$

où l'image de τ_i est contenue dans le sous-espace de dimension finie $E_{n(W_i)}$.

D'autre part $D_x \tau_i(x,0) = D_x \; (\widetilde{\exp}) \times D_x \beta_i$
$= 0$

Il existe un nombre r'_x strictement positif et un voisinage A'_x de x tels que si $|v| < r'_x$, la restriction à $A'_x \cap M_n(X)\, E^n(r'_x)$ de T_n est injective.

Nous choisissons r'_x et A'_x assez petits pour que si $|v| < r'_x$ et $r' \in A'_x$ $|D_x\, \tau_i(x',v)| < \frac{1}{2}$. Supposons $n > n(W_i)$.

Soient (x,v) et (y,w) deux couples d'élément de $E_n \times E^n$ (x et $y \in A_x$ $|\sigma| < r'_x |w| < r'_x$) tels que : $T_n(x,v) = T_\eta(y,w)$

$$x + v + \tau_i(x,v) = y + w + \tau_i(y,w)$$

En écrivant que les composantes de chacun des deux membres sur E_n et E^n sont égales , nous trouvons :

$$\begin{cases} x + \tau_i(x,v) = y + \tau_i(y,w) \\ v = w \end{cases}$$

$$x - y = \tau_i(y,v) - \tau_i(x,v)$$

Soit $|x - y| < \sup\limits_{z \in M_n A_x} |D_z \tau_i| . |x - y|$

$$< \frac{1}{2}\,|x - y|$$

Donc $x = y$.

Supposons $n \leqslant n(W_i)$ et $A'_x \cap M_n \neq \emptyset$, d'après la construction de S_n et de $\widetilde{\exp}$, nous savons que T_n est un difféomorphisme sur un voisinage de la section nulle de rayon $r_{x,n}$.

Du recouvrement par les ouverts A'_x , nous extrayons un recouvrement dénombrable A_s ($s \in \mathbb{N}$). D'après l'appendice (corollaire) il existe un recouvrement B_s ($s \in \mathbb{N}$) ($B_s \subset A_s$) et un recouvrement finiement étoilé C_t ($t \in N$) tel que si $C_t \subset B_{s(t)}$, Etoile $C_t \subset B_{s(t)}$.

Il existe un recouvrement finiement étoilé D_u ($u \in \mathbb{N}$) et une famille de nombres r_u tels que la restriction à $D_u(X)\, E^n(r_u)$ de T_n soit injective et :

$$T_n(D_u(X)\, E^n(r_u)) \subset C_{t(u)} .$$

Soit μ_u une partition de l'unité subordonnée au recouvrement par les D_u .

Posons $r(x) = \sum_{u \in \mathbb{N}} \mu_u(x)\, r_u$.

On vérifie avec les conditions imposées du recouvrement que r est l'application cherchée.

Nous définissons :

$$U_n = T_n(M_n(X)\, E^n(r/2))$$

$$U'_n = T_n(M_n(X)\, E^n(r/4))$$

Proposition 4.

Tout point $x \in M$ admet un voisinage Q_x tel qu'il existe un entier q_x vérifiant $Q_x \subset U_m$ pour $m > q_x$.

Raisonnons par l'absurde et supposons qu'il existe une suite y_i de points de M $(\lim_{i \to \infty} y_i = x$ et une suite d'entiers m_i $(\lim_{i \to \infty} m_i = x)$ telle que $y_i \notin U_{m_i}$.

Plaçons nous dans une carte (W_j , φ_j) au voisinage de x . Nous identifions les points de M et leur image par φ_j dans E .

Soit ε_i la distance (mesurée dans $\varphi_j(W_j)$ de y_i à E_{m_i}) .

Pour m_i assez grand, il existe un point x_i de E_{m_i} tel que $d(y_i,x_i) < 2\,\varepsilon_i$ et tel que le segment (x_i,y_i) soit contenu dans $\varphi_j(W_j)$. Si l'indice i est assez grand x_i , y_i , x sont situés dans un ouvert D_u du recouvrement défini précédemment.

Or $T_n(D_u(X)\, E^n(r)) \subset C_{t(u)} \subset W_j$. Donc il existe un vecteur v_i de E^{m_i} tel que :

a) $|v_i| = r(x_i)/2$

b) $T_n(x_i,v_i) = z_i$ appartient au segment (x_i, y_i) .

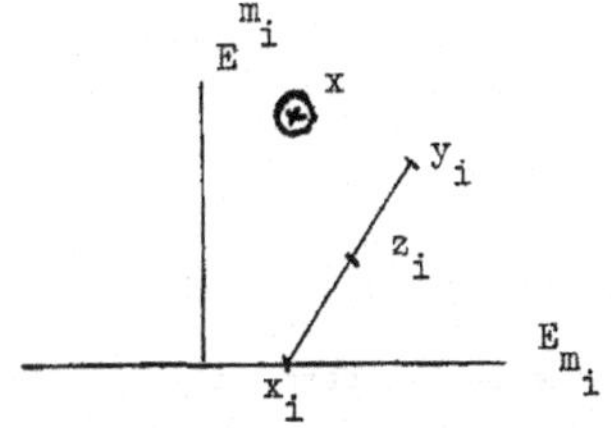

$\bigcup_{n \in \mathbb{N}} M_n$ est dense dans M .

Donc $\lim_{i \to \infty} \varepsilon_i = 0$

$$\lim_{i \to \infty} z_i = \lim_{i \to \infty} y_i = x \, .$$

D'après l'expression de T_n :

$$z_i = x_i + v_i + \tau_i(x_i \, , \, v_i) \quad \text{et Image} \quad \tau_i \subset E_{n(W_j)} \, .$$

Posons $n = n(W_j)$.

$\pi^n(z_i)$ a pour limite $\pi^n(x)$.

$\pi_n(z_i)$ " " " $\pi_n(x)$

$$\pi^n(z_i)_{v_i} = \pi^n \, (x_i + v_i)$$

$$v_i = \pi^{m_i}(x_i + v_i) \qquad \lim_{i \to \infty} |v_i| = \lim_{i \to \infty} | \, \pi^{m_i}(x) | \, .$$

Donc $\lim_{i \to \infty} |v_i| = 0$. π^n étant fortement continue

$$\lim_{n \to \infty} \pi^n(x_i) = \pi^n(x)$$

De la suite $\{x_i\}$ nous pouvons extraire une suite $\{x_{i_p}\}$ convergent vers un point x_o .

$r(x_{i_p})$ converge vers $r(x_o) > 0$.

Or $(1/2) r(x_i) = v_i \quad \lim_{p \to \infty} r(x_{i_p}) = 0$.

D'où une contradiction.

corollaire.

$$\bigcup_{n\in\mathbb{N}} U_n = \bigcup_{n\in\mathbb{N}} U'_n = M .$$

Proposition 5.

Il existe une suite D_n de voisinages tubulaires d'un fermé de M_n telle que :

$$D_n \subset D_{n+1} \qquad \text{et} \qquad \bigcup_{n\in\mathbb{N}} D_n = M .$$

Lemme 3.

Il existe une application ρ de M dans $\mathbb{R}^+$ telle que : quel que soit n $T_n(M_n(X)\ E^n(\rho)) \subset \bigcap_{p\geq n} U_p$

Démonstration du lemme 3.

D'après la proposition 4 , $\bigcap_{p\geq n} U_p$ contient un voisinage ouvert de M_n . Donc il existe pour tout n une application continue ρ_n de M_n dans $\mathbb{R}^+$ telle que :

$$T_n(M_n(X)\ E^n(\rho_n)) \subset \bigcap_{p\geq n} U_p .$$

Montrons que les applications ρ_n peuvent être choisies comme induites par la même application continue ρ de M dans $\mathbb{R}^+$.

x étant un point donné de M , soit Q_x le voisinage de x défini par la proposition 3 . Soit Q'_x une boule de centre x et de rayon α_x telle que la boule de centre x et de rayon $2\alpha_x$ soit contenue dans Q_x . Montrons qu'il existe un réel $\rho_x > 0$ tel que pour tout n $T_n((M_n \cap Q'_x) \times E^n(\rho_x)) \subset Q_x$. (Si $M_n \cap Q'_x = \emptyset$ la condition est automatiquement vérifiée).

En effet, supposons que ρ_x n'existe pas, alors il existerait une suite d'entiers $\{n_p\}$ tendant vers l'infini, une suite de points $\{x_p\}$ dans $M_{n_p} \cap Q'_x$ et une suite $\{\rho_p\}$ de réels positifs tendant vers 0, une suite de vecteurs $\{v_p\}$ de E^{n_p} telles que :

$$d(T_{n_p}(x_p , v_p), x) > 2 \alpha_x \quad \text{et} \quad |v_p| = \rho_p .$$

Plaçons nous dans une carte locale ce que l'on peut toujours supposer si Q_x et ρ_x ont été choisis assez petits.

$$T_{n_p}(x_p , v_p) = x_p + v_p + \tau_i(x_p , v_p)$$

Or $\quad D_x\tau_i(x,0) = 0$

$$\tau_i(x_p,0) = 0$$

Donc $\lim\limits_{p\to\infty} \tau_i(x_p,v_p)$

$$\lim_{p\to\infty} |v_p| = 0$$

$$d(T_{n_p}(x_p , v_p), x) < d(x_p , x) + |v_p| + |\tau_i(x_p , v_p)|$$

$$< \alpha_x + \rho_p + \varepsilon_p$$

et $\lim\limits_{p \to \infty} \varepsilon_p = 0$

A partir d'un certain rang $d(T_{n_p}(x_p , v_p),x) \leq 2\alpha_x$ d'où une contradiction.

Par le même procédé que celui utilisé à la proposition 3, nous pouvons "recoller" les nombres réels ρ_x par une partition de l'unité de manière à obtenir l'application ρ cherchée.

Soit $\quad V_n = T_n(M_n(X)\ E^n(\rho))$

$$V'_n = T_n(M_n(X)\ E^n(\rho/2))$$

L'application ρ étant une application continue de M dans $\mathbb{R}^+$, la même démonstration que celle de la proposition 4 montre que si $\{i_n\}$ $(n \in \mathbb{N})$ est une suite croissante d'entiers tendant vers l'infini :

$$\bigcup_{n\in\mathbb{N}} V_{i_n} = \bigcup_{n\in\mathbb{N}} V'_{i_n} = M .$$

Fin de la construction des voisinages D_n.

Posons $D_o = V'_o$. Soit $\{K_n\}$ une suite croissante de fermés bornés de M tels que $\bigcup_{n\in\mathbb{N}} K_n = M$ et $K_n \cap M_n$ est compact, et construisons par récurrence une suite strictement croissante d'entiers $\{i_n\}$ et d'applications continues $\{\lambda_n\}$ de M_{i_n} dans R^+ telle que :

a) $\lambda_n < \lambda_{n+1} < \rho_n$.

b) $T_{i_n}(K_{i_n} \cap M_{i_n}(X)\, E^{i_n}(\lambda_n)) \subset T_{i_{n+1}}(M_{i_{n+1}}(X)\, E^{i_{n+1}}(\lambda_{n+1}))$

Il suffit de montrer le lemme suivant :

Lemme 4.

Soit λ une application continue de M_n dans R^+ telle que pour tout x $\lambda(x) < \rho(x)$ (inégalité stricte). Il existe un entier n' et une application λ' de $M_{n'}$ dans $\mathbb{R}^+$, $\lambda' < \rho$ telle que :

$$T_n(K_n \cap M_n(X, E^n(\lambda)) \subset T_{n'}(M_{n'}(X)\, E^{n'}(\lambda')) .$$

Démonstration du lemme 4.

$K_n \cap M_n$ est un compact de M_n ; il suffit donc pour toute carte locale W_i de M telle que $M_n \cap W_i$ soit non vide de déterminer un entier n'_i et un réel positif λ'_i tels que :

$$T_n((M_n \cap W_i)(X)\, E^n(\lambda)) \subset T_{n'_i}(M_{n'_i}(X)\, E^{n'_i}(\lambda'_i))$$

Nous choisissons W_i assez petit pour que $\sup\limits_{x \in W_i} (\lambda(x)) < \inf\limits_{x \in V_i} (\rho(x))$

où V_i est un ouvert de M contenant

$$T_n(M_n \cap W_i(X)\, E^n(\lambda))$$

D'après le choix de l'application ρ si W_i est assez petit, V_i est contenu dans une carte locale de M. Raisonnons dans cette carte locale :

si $(x,v) \in M_n \times E^n$ $T_n(x,v) = x + v + \tau_i(x,v)$ où τ_i est contenu dans un espace de dimension finie $E_{n(V_i)}$.

Posons $n(V_i) = n_i$

$$T_n((M_n \cap W_i)(X)\, E^n(\lambda)) \subset \bigcap_{p \geq n} U_p$$

Nous pouvons donc définir l'application :

$$T_{n_i}^{-1} \circ T_n : M_n \times E^n(\lambda) \to M_{n_i} \times E^{n_i}$$

Or $T_{n_i}(y,w) = y + w + \tau_i(y,w)$

où image $\tau_i \subset E_{n(V_i)}$

Donc $T_{n_i}^{-1} \circ T_n(x,v) = (x + \gamma_i(x,v)\ ,\ \pi^{n_i}(v))$

or si $x \in W_i$ et $|v| < \lambda(x)$, $x + \gamma_i(x,v)$ est contenu dans V_i

$$|\pi^{n_i}(v)| \leq |v| < \inf_{y \in V_i} \rho(y) .$$

la deuxième inégalité étant stricte.

Si nous choisissons $\lambda_i' < \inf_{y \in V_i} (\rho(y))$ nous vérifions que λ_i' est le nombre cherché.

En posant $n' = \sup_i n_i$ et en recollant les λ_i' grâce à une partition de l'unité subordonnée au recouvrement par les W_i, nous obtenons l'application continue λ' cherchée.

Nous remarquons que la projection sur $M_{n'}$ de $T_{n'}^{-1} \circ T_n(K \cap M_n(X)\, E^n(\lambda))$ est un compact de $M_{n'}$.

Nous pouvons donc par applications successives du lemme 4 construire une suite K_n croissante de bornés de M et une suite D_n de voisinages de : $(K_n \cap M_{i_n})$ telle que $\bigcup_{n \in \mathbb{N}} K_n = M$.

$$D_n \subset D_{n+1}$$

et $D_n \supset T_{i_n}(M_{i_n} \cap K_n \quad , E^n(\rho))$.

Etant donné un point x de M, il existe un entier n tel que $x \in K_n$ et $x \in V_{i,n}$. Nous en déduisons que $x \in D_{n+1}$.

Donc $\bigcup_{n \in \mathbb{N}} D_n = M$.

En refaisant la même construction pour des voisinages tubulaires de rayon moitié, nous obtenons une suite de butes D_n' telle que $D_n' \subset \mathcal{D}_n'$ et $\bigcup_{n \in \mathbb{N}} D_n' = M$.

III. FIN DE LA DEMONSTRATION DU THEOREME DE STABILITE

D'après le paragraphe précédent, il suffit de démontrer la proposition suivante (les notations sont les mêmes qu'au paragraphe précédent).

Proposition 6.

Il existe une suite de $L(T)$ difféomorphismes φ_n : φ_n est un difféomorphismes

$$\varphi_n : D'_n \times E \to D'_n$$

tels que le diagramme $(\mathcal{P}_{n+1})$ suivant soit commutatif pour tout $n \geqslant 1$.

$$\begin{array}{ccc} D'_n \times E & \xrightarrow{\varphi_n} & D'_n \\ \Big\downarrow {\scriptstyle i_n \times id} & & \Big\downarrow {\scriptstyle i_n} \\ D'_{n+1} \times E & \xrightarrow{\varphi_{n+1}} & D'_{n+1} \end{array} \qquad (\mathcal{P}_{n+1})$$

Nous démontrons d'abord deux lemmes.

Lemme 5.

Il existe une suite T^n de $L(T)$ d'isomorphismes linéaires de $E^n \times E \to E^n$ et d'isotopies étalées θ^n de E^n telles que :

$$j_n = \theta_1^n \circ (T^n) \circ (j_n \times id) \circ (T^{n+1})^{-1}$$

(j_n est l'inclusion de E^{n+1} dans E^n) .

Démonstration.

$T(E^n \times E)$ est un sous-espace de codimension n de E donc isotope à E^n en composant cette isotopie avec T , nous obtenons l'application T^n et l'isotopie θ^n cherchées.

Lemme 6.

Pour tout n , il existe un $L(T)$ difféomorphisme de paires

$$\psi_n : (D_n \times E \; , \; D'_n \times E) \to (D_n \; , \; D'_n)$$

tel que la restriction à $M_n \times \{0\}$ de ψ_n est l'identité et tel que la restriction à la fibre de la différentielle de ψ_n en tout point de $M_n \times \{0\}$ soit homotope à T^n.

Démonstration.

r et r' étant deux réels $r > r' > 0$, soit $S_{r'}$ la sphère de rayon r' de E. Il existe un difféomorphisme étalé $s_{r'}: E^1 \to S_{r'}$ ($s_{r'}$ est le composé d'un difféomorphisme de Bessaga : $S_{r'} - \{x_0\} \to S_{r'}$ et du difféomorphisme inverse de celui donné par la projection stéréographique $E^1 \to S_{r'} - \{x_0\}$). Soit φ_r un difféomorphisme de Bessaga : $\varphi_r : E - \{0\} \to E$ tel que φ_r soit l'identité en dehors de la boule B_r de rayon r de E. Soit d_r le difféomorphisme étalé de Douady $B_r \to E$ tel que la restriction de d_r à $B_{r'}$ soit l'identité. Considérons le difféomorphisme $\tau_{r,r'}$, $B_r \times E \to B_r$ composé des difféomorphismes suivants :

$$B_r \times E \xrightarrow{d_r \times id} E \times E \xrightarrow{\varphi_r^{-1} \times id} (E - \{0\}) \times E \to S_{r'} \times R^+ \times E$$

$$\xrightarrow{s_{r'}^{-1} \times id} E^1 \times R^+ \times E \longrightarrow E^1 \times E \times R^+ \xrightarrow{T^1 \times id} E^1 \times R^+ \xrightarrow{s_{r'} \times id} S_{r'} \times R^+ \to E - \{0\}$$

$$\xrightarrow{\varphi_r} E \xrightarrow{d_r^{-1}} B_r .$$

Dans cette suite le difféomorphisme de $E - \{0\}$ sur $S_{r'} \times R^+$ est celui donné par les coordonnées polaires. L'image par ce difféomorphisme de $B_{r'} - \{0\}$ est $S_{r'} \times]0,1]$.

Nous vérifions, d'autre part que :

$$\tau_{r,r'}(B_r \times E) = B_r .$$

$$\tau_{r,r'}(B_{r'} \times E) = B_{r'} .$$

Posons $y_0 = \varphi_r^{-1}(0)$, y_0 est un point de $E - \{0\}$. Soient (ρ_0, t_0) les coordonnées polaires de y_0 suivant $S_{r'} \times \mathbb{R}^+$.

Nous pouvons choisir le difféomorphisme $s_{r'}$ de sorte que $s_{r'}(y_0) = 0$ (0 origine de E_1) . Or $T^1(0,0) = 0$.

Grâce à ce choix de $s_{r'}$, on vérifie que :

$$\tau_{r,r'}(0,0) = 0 .$$

$\tau_{r,r'}$ est un $L(T^1)$ difféomorphisme, donc un $L(T)$ difféomorphisme. D'après le chapitre IV , addendum du théorème 1 , φ_r est isotope à l'identité, la différentielle en 0 de d_r étant l'identité, la différentielle en (0,0) de $\tau_{r,r'}$ est isotope à l'application $T^1 \times id : E^1 \times \mathbb{R}^+ \times E^+ \to E^1 \times \mathbb{R}^+$ et $T^1 \times id$ est isotope à $T : E \times E \to E$. $D_n \times E$ est fibré sur $M_n \cap K_n$ et la fibre au-dessus d'un point x de $M_n \cap K_n$ est $B^n_{r(x)} \times E$, où $B^n_{r(x)}$ est la boule de rayon $r(x)$ de E^n . Dans la fibre de x , nous pouvons donc appliquer un difféomorphisme $\tau^n_{r(x),r'(x)}$ construit à partir de T^n $E^n \times E \to E$, comme l'est $\tau_{r,r'}$ à partir de T $E \times E \to E$. $\tau^n_{r(x),r'(x)}$ est un $L(T^n)$ difféomorphisme de

$$(B^n_r \times E \ , \ B^n_{r'} \times E) \quad \text{dans} \quad (B^n_r \ , \ B^n_{r'}) .$$

L'image de (0,0) par ce difféomorphisme est 0 et la différentielle en (0,0) de ce difféomorphisme est isotope à T^n .

r et r' étant deux applications de classe C^∞ de $K_n \cap M_n$ dans $\mathbb{R}^+$, nous définissons ainsi un difféomorphisme ψ_n :

$$\psi_n : (D^n \times E \ , \ D'_n \times E) \to (D_n \ , \ D'_n) .$$

La restriction de $\psi_n(M_n \cap K_n) \times \{0\}$ est l'identité. ψ_n est donc un $L(T)$ difféomorphisme de paires. La restriction à la fibre de la différentielle de ψ_n en tout point de $M_n \times \{0\}$ est homotope à T^n .

Fin de la démonstration de la proposition 6.

Posons $\varphi_0 = \psi_0$ est supposons construite une suite d'isotopies étalées Ψ^p de D^p pour p entier $1 \leqslant p \leqslant n$ telles que si nous posons :

$\varphi_p = \Psi_1^p \circ \psi_p$, les diagrammes $\mathcal{D}_p$ pour $1 \leqslant p \leqslant n$ soient commutatifs, construisons Ψ^{n+1}.

Soit $j_n = \psi_{n+1} \circ (i_n \times id) \circ \varphi_n^{-1}$.

j_n est une application de D_n dans D_{n+1} telle que le diagramme suivant soit commutatif.

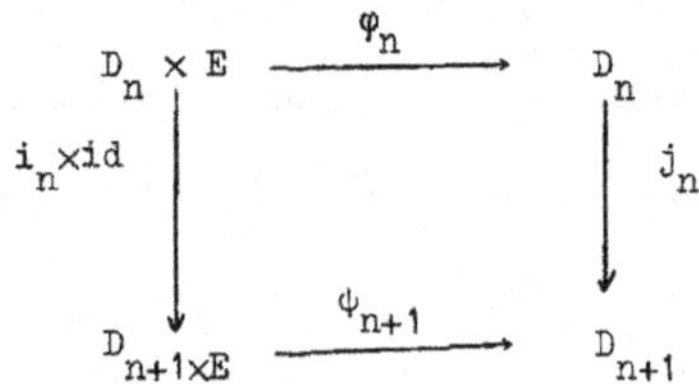

φ_n étant isotope à ψ_n , j_n est isotope à $\psi_{n+1} \circ i_n \times id \circ \psi_n^{-1}$.

La restriction à $(M_n \cap K_n) \times \{0\}$ de ψ_n et de ψ_{n+1} est l'identité. Donc la restriction de j_n à $M_n \cap K_n$ est homotope à l'inclusion naturelle i_n de $M_n \cap K_n$ dans D_{n+1} . D'après le chapitre VII théorème 2, , il existe une L(T) isotopie Φ^{n+1} de D_{n+1} telle que la restriction à $M_n \cap K_n$ de $\Phi_1^{n+1} \circ j_n$ coïncide avec la restriction de i_n à $M_n \cap K_n$.

$\Phi_1^{n+1} \circ j_n$ et i_n sont deux plongements de D_n dans D_{n+1} . Leurs restrictions à D'_n définissent deux voisinages tubulaires de $M_n \cap K_n$ dans D_{n+1} . Soit p la projection du fibré tangent à M sur le fibré normal du plongement de $M_n \cap K_n$ dans M .

L'application $p \circ T(\Phi_1^{n+1} \circ j_n)$ est isotope à $p \circ Tj_n$ qui est isotope à

$p \circ T(\psi_{n+1} \circ (i_n \times id) \circ \varphi_n^{-1})$ qui est elle-même isotope à $p \circ Ti_n$ d'après la définition de ψ_{n+1} et de φ_n. D'après le théorème 2 du chapitre 6 , il existe une isotopie $\bar{\Phi}^{n+1}$ de D_{n+1} telle que les restrictions à D'_n de $\bar{\Phi}_1^{n+1} \circ \Phi_1^{n+1} \circ j_n$ et de i_n coïncident.

Posons $\Psi^{n+1} = \bar{\Phi}^{n+1} \circ \Phi^{n+1}$.

On vérifie de Ψ^{n+1} est l'isotopie cherchée.

CHAPITRE IX.

THEOREME DE MAZUR ET CLASSIFICATION DES STRUCTURES DE FREDHOLM SUR UNE VARIETE HILBERTIENNE

Dans ce chapitre, nous rassemblons les différents résultats démontrés au cours de ces exposés pour obtenir le théorème de classification annoncé dans l'introduction.

I. THEOREME DE MAZUR

Dans tout ce paragraphe, E désignera un espace de Hilbert séparable, M et N deux variétés de Fredholm séparables modelées sur E, de classe C^∞.

Définition.

Soit f un morphisme de classe C^∞ de M dans N, qui soit une équivalence d'homotopie; f est une équivalence d'homotopie tangentielle si l'image réciproque par f du fibré tangent à N $f^*(TN)$ est un fibré isomorphe comme $GL_c(E)$ fibré à TM.

Théorème 1. (de Mazur).

Soient M et N deux variétés de Fredholm, f une équivalence d'homotopie tangentielle de M dans N, $f \times id_E$ est homotope, par une homotopie de Fredholm, à un difféomorphisme de Fredholm f_1 de $M \times E$ dans $N \times E$.

Démonstration.

D'après le chapitre V , corollaire du théorème 1, il existe deux fibrés de Fredholm d'espaces totals $\mathcal{E}$ et $\mathcal{F}$ de bases respectives Ω_1 et Ω_2 ouverts de E, tels que $M \times E$ soit difféomorphe, par un difféomorphisme de Fredholm φ à $\mathcal{E}$, et $N \times E$ soit difféomorphe par ψ à $\mathcal{F}$.

Posons $$f_o = \psi \circ (f \times id_E) \circ \varphi^{-1}$$

Considérons la construction de φ et ψ .

Soit j_1 un plongement de M dans E , j_2 un plongement de N dans E .

Soient V(M) et V(N) les fibrés normaux respectifs de j_1 et j_2 $f^*(TN)$ étant isomorphe à TM , $(f \times id)$ induit une application $\bar{f}_o$ de V(M) dans V(N).

Par l'application exponentielle, V(M) et V(N) sont difféomorphes à Ω_1 et Ω_2 respectivement. Nous appelerons encore $\bar{f}_o$ l'application de Ω_1 sur Ω_2 déduite de $(f \times id)$.

Les diagrammes suivants sont commutatifs :

$$\begin{array}{ccc} \Omega_1 & \xrightarrow{\bar{f}_o} & \Omega_2 \\ \pi_1 \downarrow & & \downarrow \pi_2 \\ M & \xrightarrow{f} & N \end{array} \qquad \begin{array}{ccc} M \times E & \xrightarrow{f \times id} & N \times E \\ \downarrow & & \downarrow \\ TM \oplus V(M) & \xrightarrow{(f^*, \bar{f}_o)} & TN \oplus V(N) \end{array}$$

Nous en déduisons une application f'_o :

$f'_o \quad \pi_1^* TM \to \pi_2^* TN$: telle que les diagrammes suivants soient commutatifs.

$$\begin{array}{ccc} \pi_1^*(TM) & \xrightarrow{f'_o} & \pi_2^*(TN) \\ \downarrow & & \downarrow \\ \Omega_1 & \xrightarrow{\bar{f}_o} & \Omega_2 \end{array} \qquad \begin{array}{ccc} \pi_1^*(TM) & \xrightarrow{f'_o} & \pi_2^*(TN) \\ \downarrow & & \downarrow \\ TM \oplus V(M) & \xrightarrow{(f^*, \bar{f}_o)} & TN \oplus V(N) \end{array}$$

Les flèches verticales de chacun des deux diagrammes de droite étant des isomorphismes naturels dont les composés sont φ et ψ respectivement, nous en déduisons que :

$$f'_o = f_o .$$

Le diagramme suivant est commutatif :

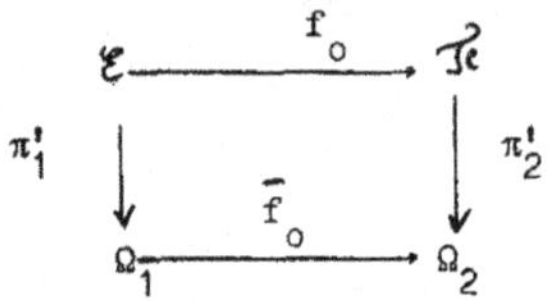

et f_o et $\bar{f}_o$ sont des équivalences d'homotopie tangentielles. On vérifie que $\bar{f}_o^*(\mathcal{F})$ est un fibré de Fredholm isomorphe à $\mathcal{E}$. Supposons démontré que $\bar{f}_o \times id$ est homotope à un difféomorphisme de Fredholm $\tilde{f}_1$ de $\Omega_1 \times E$ dans $\Omega_2 \times E$. $\tilde{f}_1^*(\mathcal{F} \times E)$ est un fibré de Fredholm isomorphe à $(\bar{f}_o \times id)^*(\mathcal{F} \times E)$ donc isomorphe à $\mathcal{E} \times E$.

Il existe un difféomorphisme de Fredholm $\tilde{\tilde{f}}_1$ de $\mathcal{E} \times E$ dans $\mathcal{F} \times E$, fibré, homotope à $f_o \times id$. Soit T un difféomorphisme linéaire de E dans $E \times E$, $(id_N \times T)^{-1} \circ \tilde{\tilde{f}}_1 \circ (id_M \times T)$ est un difféomorphisme de Fredholm de $M \times E$ sur $N \times E$ homotope à $(id_N \times T)^{-1} \circ (f \times id_E \times id_E) \circ id_M \times T$, donc homotope à $f \times id_E$. Il suffit donc de démontrer le théorème de Mazur dans le cas où M et N sont deux ouverts de E. Dans ce cas, les fibrés tangents à M et N sont deux $GL_c(E)$ fibrés triviaux.

Nous démontrons le lemme suivant :

<u>Lemme 1.</u>

Soient M et N deux variétés étalées de classe C^∞ modelées sur E, telles que les fibrés tangents à M et N soient deux fibrés étalés triviaux. Soit f une équivalence d'homotopie étalée de M dans N. L'application $f \times id$ est homotope à un difféomorphisme étalé de $M \times E$ dans $N \times E$ par une homotopie dont l'image est située dans l'ensemble des morphismes étalés de $M \times E$ dans $N \times E$.

<u>Démonstration du lemme 1.</u>

Cette démonstration, inspirée de celle de Mazur [14] dans le cas des variétés de dimension finie, a été pour la première fois donnée dans [2]. Nous remarquons que TM et TN étant deux fibrés triviaux, TM et $f^*(TN)$ sont deux fibrés étalés isomorphes.

Soit g un inverse homotopique de f.

Soit J l'inclusion linéaire de E dans $E \times E$ telle que $J(E) = E \times \{0\}$. D'après le chapitre V, théorème 1, il existe deux $L(J)$-plongements fermés j et k de M et N respectivement dans $E \times E$. Le fibré normal de chacun de ces plongements, quotient de deux fibrés étalés triviaux est trivial. Grâce à l'application exponentielle et au difféomorphisme de Douady nous pouvons donc étendre j et k en deux difféomorphismes étalés de $M \times E$ et $N \times E$ respectivement sur deux ouverts de $E \times E$ contenant $j(M)$ et $k(N)$.

Soit
$$U(n) = j(M(X)\, E(2 - \tfrac{1}{n}))$$
$$V(n) = k(N(X)\, E(2 - \tfrac{1}{n}))$$
$$U = j(M(X)\, E(2))$$
$$V = k(N(X)\, E(2)).$$

$\bar{U}(n)$ et $\bar{V}(n)$ sont deux voisinages tubulaires fermés de $j(M)$ et $k(N)$ respectivement. $k \circ f$ est une application de M dans $V(1)$. D'après le chapitre V théorème 1, $k \circ f$ est homotope à un $L(J)$ plongement f_1 de M dans $V(1)$; f_1 peut s'étendre en un difféomorphisme étalé F_1 d'un voisinage de $M \times \{0\}$ dans $M \times E$ sur un voisinage tubulaire de $f_1(M)$ dans $V(1)$, quitte à composer F_1 avec un difféomorphisme de Douady à la source, nous pouvons supposer que F_1 est un plongement étalé de $U(1)$ dans $V(2)$ et $F_1|M \times \{0\}$ est homotope à $k \circ f$. De même, utilisant g, nous pouvons construire un plongement étalé G_1 de $V(1)$ dans $V(2)$. La restriction à $M \times \{0\}$ de $G_1 \circ F_1$ défini deux plongements de $M \times \{0\}$ dans $U(2)$. Or la restriction de $G_1 \circ F_1$ de $M \times \{0\}$ est homotope à $g \circ f \circ j$, donc homotope à j . Deux plongements homotopes étant isotopes, il existe une isotopie Φ^2 de $U(2)$ telle que :

$$\Phi_1^2 \circ G_1 \circ F_1 | M \times \{0\} = j .$$

$\Phi_1^2 \circ G_1 \circ F_1(U(1))$ et $U(1)$ sont deux voisinages tubulaires fermés de $M \times \{0\}$ dans $U(2)$.

Par construction de G_1 et de F_1 l'application qui à tout point de $M \times \{0\}$ associe la différentielle le long de la fibre en ce point de $G_1 \circ F_1$, est homotope à la différentielle de $(g \times id) \circ (f \times id)$, donc homotope à l'identité. Il existe une isotopie $\tilde{\Phi}^2$ de $U(2)$ telle que la restriction de $\tilde{\Phi}_1^2 \circ \Phi_1^2 \circ G_1 \circ F_1$ à $U(1)$ soit l'identité.

Posons $\tilde{G}_1 = \tilde{\Phi}_1^2 \circ \Phi_1^2 \circ G_1$.

Posons $\tilde{F}_1 = F_1$.

En appliquant le même procédé pour un indice n quelconque, nous construisons une suite de plongements ouverts :

$$U(n) \xrightarrow{\tilde{F}_n} V(n)$$

$$V(n) \xrightarrow{\tilde{G}_n} U(n+1)$$

tels que $\tilde{G}_n \circ \tilde{F}_n$ = Identité sur $U(n)$.

$\tilde{F}_{n+1} \circ \tilde{G}_n$ = Identité sur $V(n)$.

Sur $U(n)$ $\tilde{F}_n$ et $\tilde{F}_{n+1}$ ont même inverse, à savoir $\tilde{G}_n$.

Donc $\tilde{F}_n$ et $\tilde{F}_{n+1}$ coincident sur $U(n)$.

De même $\tilde{G}_n$ et $\tilde{G}_{n+1}$ " " sur $V(n)$.

Nous pouvons donc poser $F_\infty = \lim_{n\to\infty} \tilde{F}_n$

$$G_\infty = \lim_{n\to\infty} \tilde{G}_n$$

F_∞ est un difféomorphisme étalé de U dans V homotope à $f \times id$.

G_∞ est un difféomorphisme étalé de V dans U homotope à $g \times id$.

et $F_\infty \circ G_\infty = Id_V$ $\qquad G_\infty \circ F_\infty = Id_V$

Par un difféomorphisme de Douady isotope à l'identité U étant difféomorphe à $M \times E$ et V difféomorphe à $V \times E$, le lemme 1 est démontré.

II. THEOREME DE CLASSIFICATION DES STRUCTURES

Le théorème de stabilité du chapitre VIII et le théorème de Mazur ont pour conséquence immédiate le théorème suivant :

Théorème 2.

Soient M et N deux variétés de classe C^∞ , munies d'une structure étalée, modelées sur E , soit f une équivalence d'homotopie tangentielle de M dans N , f est homotope à un difféomorphisme f_1 de M dans N .

Démonstration.

Utilisant les difféomorphismes φ de M dans $M \times E$

et ψ de N dans $N \times E$,

nous posons :

$f_0 = \psi \circ f \circ \varphi^{-1}$ $\qquad f_0$ est une équivalence d'homotopie tangentielle de $M \times E$ dans $N \times E$.

$f_0 \times id$ est homotope à un difféomorphisme F de $M \times E \times E$ dans $N \times E \times E$.

Soit T un isomorphisme linéaire de E dans $E \times E$. Posons :

$$f_1 = (id \times T)^{-1} \circ F \circ (id \times T)$$

f_1 est un difféomorphisme de $M \times E$ dans $N \times E$ homotope à $(id \times T)^{-1} \circ (f_0 \times id) \circ (id \times T)$, donc homotope à f_0 .

$\psi^{-1} \circ f_1 \circ \varphi$ est un difféomorphisme de M dans N homotope à f .

APPENDICE

Dans cet appendice, nous donnons deux propositions sur les recouvrements d'espaces paracompacts séparables qui ont été utilisées dans de nombreuses démonstrations.

Proposition 1.

Soit X un espace séparable, métrisable. Quel que soit le recouvrement ouvert de X par, des ouverts U_α $(\alpha \in A)$, il existe un recouvrement ouvert plus fin (V_β) $(\beta \in B)$ tel que, quel que soit β, l'ensemble des indices i tels que $V_\beta \cap V_i \neq \emptyset$, soit fini.

(Nous avons appelé un tel recouvrement finiement étoilé).

Démonstration.

Soit $K = I^N$ le cube compact de Hilbert. Il existe un plongement φ de X dans K, d'après le théorème d'Urysohn. K est un espace compact séparable. Il existe une suite G_n $(n \in \mathbb{N})$ d'ouverts de K tels que $\bigcup_{n \in N} G_n = \varphi(X)$ $\bar{G}_n$ est compact et $G_n \subset G_{n+1}$. Donc pour tout n, il existe une famille finie d'indices $n_1, \dots, n_q$ tels que :

$$X \cap \varphi^{-1}(G_n) \subset (U_{n_1} \cup \dots \cup U_{n_p}) \cap (\varphi^{-1}(G_n)) .$$

Posons : $V_{n_i} = U_{n_i} \cap \varphi^{-1}(G_{n+1} - \overline{G_{n-1}})$.

On vérifie facilement que l'ensemble des V_{n_i} est l'ensemble cherché.

Proposition 2.

Soit X un espace paracompact séparable, métrisable. Soit U_n $(n \in \mathbb{N})$ un recouvrement ouvert de X localement fini. Il existe un recouvrement ouvert localement fini $\{W_k\}$ $(k \in \mathbb{N})$ tel que :

quel que soit k , il existe un entier $n(k)$ vérifiant la propriété :

$$W_i \cap W_k \neq \emptyset \quad \text{entraîne} \quad W_i \subset U_{n(k)}$$

Démonstration.

Soit x un point de X .

Soit $I(x)$ l'ensemble fini des indices n tels que $x \in U_n$.

Il existe un recouvrement de X par des ouverts U'_n tels que $\overline{U'_n} \subset U_n$. Soit $I'(x)$ l'ensemble fini des indices n tels que $x \in U'_n$.

$$I'(x) \subset I(x) .$$

Supposons $x \in U'_1$, posons

$$W_x = U'_1 \cap \left(\bigcap_{n \in I_x} U_n\right) \cap \left(X - \overline{\bigcup_{n \notin I'(x)} V_n}\right)$$

W_x est un voisinage ouvert de x .

Soit x' un autre point de X , nous pouvons définir de manière analogue un ouvert $W_{x'}$.

Supposons $W_x \subset U'_\eta$ et $W_x \cap W_{x'} \neq \emptyset$.

$W_{x'} \cap U'_n \neq \emptyset$. Donc $W_{x'} \subset U'_n$.

En extrayant du recouvrement par les W_x un redouvrement finiement étoilé, nous obtenons le recouvrement cherché.

Bibliographie

[1] C. BESSAGA : Every infinite dimensional Hilbert space is diffeomorphic with its unit sphere. Bull. And. Sci. XIV.

[2] D. BURGHELEA and N.H. KUIPER : Hilbert manifolds - Annals of Math. 90(1969) p.379-417.

[3] A. DOUADY : Equivalence de Fredholm entre les boules d'un espace de Hibert. Indagationes Mathematicae.

[4] J. EELLS : A setting for global analysis. Bull. A.M.S. 72 (1966) p.751-807.

[5] J. EELLS and K.D. ELWORTHY : On Fredholm manifolds I.C.M. Nice 1970.

[6] J. EELLS and K.D. ELWORTHY : Open embeddings of certain Banach manifolds. Annals of Math. 91 (1970) 465-485.

[7] K.D. ELWORTHY : Fredholm maps and differential structures on Banach manifolds. Summer institute on Global Analysis. Berkeley AMS 1968.

[8] " " : Embeddings, isotopy and stability of Banach manifolds. Journal of Diff. Geometry to appear.

[9] K.D. ELWORTHY : Structures Fredholm sur les variétés Banachiques - Notes de Nicole MOULIS Montreal SMS. Juillet 1969.

[10] N.H. KUIPER : The differential topology of separable Banach manifolds. I.C.M. 1970.

[11] N.H. KUIPER : Variétés Hilbertiennes. Aspects géométriques. Montréal S.M.S. Juillet 1969.

[12] N.H.KUIPER : The homotopy type of the unitary group of Hilbert space : Topology 3 (1965) p.19-30.

[13] S. LANG : Introduction to differentiable Manifolds. Interscience N.Y. 1962.

[14] B. MAZUR : Stable equivalence of differentiable manifolds. Bull. A.M.S. 67 (1961) p.377-384.

[15] MICHAEL : On continuous selections. Annals of Mathematics 63 (1956) p.361-382.

[16] R. PALAIS : On the homotopy type of certain groups of Operators. Topology 3 (1965) p.271-279.

[17] S. SMALE ; An infinite dimensional version of Sard's theorem (American Journal of Math. 87(1965) p.861-866.

Lecture Notes in Mathematics

Comprehensive leaflet on request

Vol. 74: A. Fröhlich, Formal Groups. IV, 140 pages. 1968. DM 16,-

Vol. 75: G. Lumer, Algèbres de fonctions et espaces de Hardy. VI, 80 pages. 1968. DM 16,-

Vol. 76: R. G. Swan, Algebraic K-Theory. IV, 262 pages. 1968. DM 18,-

Vol. 77: P.-A. Meyer, Processus de Markov: la frontière de Martin. IV, 123 pages. 1968. DM 16,-

Vol. 78: H. Herrlich, Topologische Reflexionen und Coreflexionen. XVI, 166 Seiten. 1968. DM 16,-

Vol. 79: A. Grothendieck, Catégories Cofibrées Additives et Complexe Cotangent Relatif. IV, 167 pages. 1968. DM 16,-

Vol. 80: Seminar on Triples and Categorical Homology Theory. Edited by B. Eckmann. IV, 398 pages. 1969. DM 20,-

Vol. 81: J.-P. Eckmann et M. Guenin, Méthodes Algébriques en Mécanique Statistique. VI, 131 pages. 1969. DM 16,-

Vol. 82: J. Wloka, Grundräume und verallgemeinerte Funktionen. VIII, 131 Seiten. 1969. DM 16,-

Vol. 83: O. Zariski, An Introduction to the Theory of Algebraic Surfaces. IV, 100 pages. 1969. DM 16,-

Vol. 84: H. Lüneburg, Transitive Erweiterungen endlicher Permutationsgruppen. IV, 119 Seiten. 1969. DM 16,-

Vol. 85: P. Cartier et D. Foata, Problèmes combinatoires de commutation et réarrangements. IV, 88 pages. 1969. DM 16,-

Vol. 86: Category Theory, Homology Theory and their Applications I. Edited by P. Hilton. VI, 216 pages. 1969. DM 16,-

Vol. 87: M. Tierney, Categorical Constructions in Stable Homotopy Theory. IV, 65 pages. 1969. DM 16,-

Vol. 88: Séminaire de Probabilités III. IV, 229 pages. 1969. DM 18,-

Vol. 89: Probability and Information Theory. Edited by M. Behara, K. Krickeberg and J. Wolfowitz. IV, 256 pages. 1969. DM 18,-

Vol. 90: N. P. Bhatia and O. Hajek, Local Semi-Dynamical Systems. II, 157 pages. 1969. DM 16,-

Vol. 91: N. N. Janenko, Die Zwischenschrittmethode zur Lösung mehrdimensionaler Probleme der mathematischen Physik. VIII, 194 Seiten. 1969. DM 16,80

Vol. 92: Category Theory, Homology Theory and their Applications II. Edited by P. Hilton. V, 308 pages. 1969. DM 20,-

Vol. 93: K. R. Parthasarathy, Multipliers on Locally Compact Groups. III, 54 pages. 1969. DM 16,-

Vol. 94: M. Machover and J. Hirschfeld, Lectures on Non-Standard Analysis. VI, 79 pages. 1969. DM 16,-

Vol. 95: A. S. Troelstra, Principles of Intuitionism. II, 111 pages. 1969. DM 16,-

Vol. 96: H.-B. Brinkmann und D. Puppe, Abelsche und exakte Kategorien, Korrespondenzen. V, 141 Seiten. 1969. DM 16,-

Vol. 97: S. O. Chase and M. E. Sweedler, Hopf Algebras and Galois theory. II, 133 pages. 1969. DM 16,-

Vol. 98: M. Heins, Hardy Classes on Riemann Surfaces. III, 106 pages. 1969. DM 16,-

Vol. 99: Category Theory, Homology Theory and their Applications III. Edited by P. Hilton. IV, 489 pages. 1969. DM 24,-

Vol. 100: M. Artin and B. Mazur, Etale Homotopy. II, 196 Seiten. 1969. DM 16,-

Vol. 101: G. P. Szegö et G. Treccani, Semigruppi di Trasformazioni Multivoche. VI, 177 pages. 1969. DM 16,-

Vol. 102: F. Stummel, Rand- und Eigenwertaufgaben in Sobolewschen Räumen. VIII, 386 Seiten. 1969. DM 20,-

Vol. 103: Lectures in Modern Analysis and Applications I. Edited by C. T. Taam. VII, 162 pages. 1969. DM 16,-

Vol. 104: G. H. Pimbley, Jr., Eigenfunction Branches of Nonlinear Operators and their Bifurcations. II, 128 pages. 1969. DM 16,-

Vol. 105: R. Larsen, The Multiplier Problem. VII, 284 pages. 1969. DM 18,-

Vol. 106: Reports of the Midwest Category Seminar III. Edited by S. Mac Lane. III, 247 pages. 1969. DM 16,-

Vol. 107: A. Peyerimhoff, Lectures on Summability. III, 111 pages. 1969. DM 16,-

Vol. 108: Algebraic K-Theory and its Geometric Applications. Edited by R. M.F. Moss and C. B. Thomas. IV, 86 pages. 1969. DM 16,-

Vol. 109: Conference on the Numerical Solution of Differential Equations. Edited by J. Ll. Morris. VI, 275 pages. 1969. DM 18,-

Vol. 110: The Many Facets of Graph Theory. Edited by G. Chartrand and S. F. Kapoor. VIII, 290 pages. 1969. DM 18,-

Vol. 111: K. H. Mayer, Relationen zwischen charakteristischen Zahlen. III, 99 Seiten. 1969. DM 16,-

Vol. 112: Colloquium on Methods of Optimization. Edited by N. N. Moiseev. IV, 293 pages. 1970. DM 18,-

Vol. 113: R. Wille, Kongruenzklassengeometrien. III, 99 Seiten. 1970. DM 16,-

Vol. 114: H. Jacquet and R. P. Langlands, Automorphic Forms on GL (2). VII, 548 pages. 1970. DM 24,-

Vol. 115: K. H. Roggenkamp and V. Huber-Dyson, Lattices over Orders I. XIX, 290 pages. 1970. DM 18,-

Vol. 116: Séminaire Pierre Lelong (Analyse) Année 1969. IV, 195 pages. 1970. DM 16,-

Vol. 117: Y. Meyer, Nombres de Pisot, Nombres de Salem et Analyse Harmonique. 63 pages. 1970. DM 16,-

Vol. 118: Proceedings of the 15th Scandinavian Congress, Oslo 1968. Edited by K. E. Aubert and W. Ljunggren. IV, 162 pages. 1970. DM 16,-

Vol. 119: M. Raynaud, Faisceaux amples sur les schémas en groupes et les espaces homogènes. III, 219 pages. 1970. DM 16,-

Vol. 120: D. Siefkes, Büchi's Monadic Second Order Successor Arithmetic. XII, 130 Seiten. 1970. DM 16,-

Vol. 121: H. S. Bear, Lectures on Gleason Parts. III, 47 pages. 1970. DM 16,-

Vol. 122: H. Zieschang, E. Vogt und H.-D. Coldewey, Flächen und ebene diskontinuierliche Gruppen. VIII, 203 Seiten. 1970. DM 16,-

Vol. 123: A. V. Jategaonkar, Left Principal Ideal Rings. VI, 145 pages. 1970. DM 16,-

Vol. 124: Séminare de Probabilités IV. Edited by P. A. Meyer. IV, 282 pages. 1970. DM 20,-

Vol. 125: Symposium on Automatic Demonstration. V, 310 pages. 1970. DM 20,-

Vol. 126: P. Schapira, Théorie des Hyperfonctions. XI, 157 pages. 1970. DM 16,-

Vol. 127: I. Stewart, Lie Algebras. IV, 97 pages. 1970. DM 16,-

Vol. 128: M. Takesaki, Tomita's Theory of Modular Hilbert Algebras and its Applications. II, 123 pages. 1970. DM 16,-

Vol. 129: K. H. Hofmann, The Duality of Compact Semigroups and C*-Bigebras. XII, 142 pages. 1970. DM 16,-

Vol. 130: F. Lorenz, Quadratische Formen über Körpern. II, 77 Seiten. 1970. DM 16,-

Vol. 131: A Borel et al., Seminar on Algebraic Groups and Related Finite Groups. VII, 321 pages. 1970. DM 22,-

Vol. 132: Symposium on Optimization. III, 348 pages. 1970. DM 22,-

Vol. 133: F. Topsøe, Topology and Measure. XIV, 79 pages. 1970. DM 16,-

Vol. 134: L. Smith, Lectures on the Eilenberg-Moore Spectral Sequence. VII, 142 pages. 1970. DM 16,-

Vol. 135: W. Stoll, Value Distribution of Holomorphic Maps into Compact Complex Manifolds. II, 267 pages. 1970. DM 18,-

Vol. 136: M. Karoubi et al., Séminaire Heidelberg-Saarbrücken-Strasbourg sur la K-Théorie. IV, 264 pages. 1970. DM 18,-

Vol. 137: Reports of the Midwest Category Seminar IV. Edited by S. MacLane. III, 139 pages. 1970. DM 16,-

Vol. 138: D. Foata et M. Schützenberger, Théorie Géométrique des Polynômes Eulériens. V, 94 pages. 1970. DM 16,-

Vol. 139: A. Badrikian, Séminaire sur les Fonctions Aléatoires Linéaires et les Mesures Cylindriques. VII, 221 pages. 1970. DM 18,-

Vol. 140: Lectures in Modern Analysis and Applications II. Edited by C. T. Taam. VI, 119 pages. 1970. DM 16,-

Vol. 141: G. Jameson, Ordered Linear Spaces. XV, 194 pages. 1970. DM 16,-

Vol. 142: K. W. Roggenkamp, Lattices over Orders II. V, 388 pages. 1970. DM 22,-

Vol. 143: K. W. Gruenberg, Cohomological Topics in Group Theory. XIV, 275 pages. 1970. DM 20,-

Vol. 144: Seminar on Differential Equations and Dynamical Systems, II. Edited by J. A. Yorke. VIII, 268 pages. 1970. DM 20,-

Vol. 145: E. J. Dubuc, Kan Extensions in Enriched Category Theory. XVI, 173 pages. 1970. DM 16,-

Please turn over

Vol. 146: A. B. Altman and S. Kleiman, Introduction to Grothendieck Duality Theory. II, 192 pages. 1970. DM 18,–

Vol. 147: D. E. Dobbs, Cech Cohomological Dimensions for Commutative Rings. VI, 176 pages. 1970. DM 16,–

Vol. 148: R. Azencott, Espaces de Poisson des Groupes Localement Compacts. IX, 141 pages. 1970. DM 16,–

Vol. 149: R. G. Swan and E. G. Evans, K-Theory of Finite Groups and Orders. IV, 237 pages. 1970. DM 20,–

Vol. 150: Heyer, Dualität lokalkompakter Gruppen. XIII, 372 Seiten. 1970. DM 20,–

Vol. 151: M. Demazure et A. Grothendieck, Schémas en Groupes I. (SGA 3). XV, 562 pages. 1970. DM 24,–

Vol. 152: M. Demazure et A. Grothendieck, Schémas en Groupes II. (SGA 3). IX, 654 pages. 1970. DM 24,–

Vol. 153: M. Demazure et A. Grothendieck, Schémas en Groupes III. (SGA 3). VIII, 529 pages. 1970. DM 24,–

Vol. 154: A. Lascoux et M. Berger, Variétés Kähleriennes Compactes. VII, 83 pages. 1970. DM 16,–

Vol. 155: Several Complex Variables I, Maryland 1970. Edited by J. Horváth. IV, 214 pages. 1970. DM 18,–

Vol. 156: R. Hartshorne, Ample Subvarieties of Algebraic Varieties. XIV, 256 pages. 1970. DM 20,–

Vol. 157: T. tom Dieck, K. H. Kamps und D. Puppe, Homotopietheorie. VI, 265 Seiten. 1970. DM 20,–

Vol. 158: T. G. Ostrom, Finite Translation Planes. IV. 112 pages. 1970. DM 16,–

Vol. 159: R. Ansorge und R. Hass. Konvergenz von Differenzenverfahren für lineare und nichtlineare Anfangswertaufgaben. VIII, 145 Seiten. 1970. DM 16,–

Vol. 160: L. Sucheston, Constributions to Ergodic Theory and Probability. VII, 277 pages. 1970. DM 20,–

Vol. 161: J. Stasheff, H-Spaces from a Homotopy Point of View. VI, 95 pages. 1970. DM 16,–

Vol. 162: Harish-Chandra and van Dijk, Harmonic Analysis on Reductive p-adic Groups. IV, 125 pages. 1970. DM 16,–

Vol. 163: P. Deligne, Equations Differentielles à Points Singuliers Reguliers. III, 133 pages. 1970. DM 16,–

Vol. 164: J. P. Ferrier, Seminaire sur les Algebres Complètes. II, 69 pages. 1970. DM 16,–

Vol. 165: J. M. Cohen, Stable Homotopy. V, 194 pages. 1970. DM 16,–

Vol. 166: A. J. Silberger, PGL_2 over the p-adics: its Representations, Spherical Functions, and Fourier Analysis. VII, 202 pages. 1970. DM 18,–

Vol. 167: Lavrentiev, Romanov and Vasiliev, Multidimensional Inverse Problems for Differential Equations. V, 59 pages. 1970. DM 16,–

Vol. 168: F. P. Peterson, The Steenrod Algebra and its Applications: A conference to Celebrate N. E. Steenrod's Sixtieth Birthday. VII, 317 pages. 1970. DM 22,–

Vol. 169: M. Raynaud, Anneaux Locaux Henséliens. V, 129 pages. 1970. DM 16,–

Vol. 170: Lectures in Modern Analysis and Applications III. Edited by C. T. Taam. VI, 213 pages. 1970. DM 18,–

Vol. 171: Set-Valued Mappings, Selections and Topological Properties of 2^X. Edited by W. M. Fleischman. X, 110 pages. 1970. DM 16,–

Vol. 172: Y.-T. Siu and G. Trautmann, Gap-Sheaves and Extension of Coherent Analytic Subsheaves. V, 172 pages. 1971. DM 16,–

Vol. 173: J. N. Mordeson and B. Vinograde, Structure of Arbitrary Purely Inseparable Extension Fields. IV, 138 pages. 1970. DM 16,–

Vol. 174: B. Iversen, Linear Determinants with Applications to the Picard Scheme of a Family of Algebraic Curves. VI, 69 pages. 1970. DM 16,–

Vol. 175: M. Brelot, On Topologies and Boundaries in Potential Theory. VI, 176 pages. 1971. DM 18,–

Vol. 176: H. Popp, Fundamentalgruppen algebraischer Mannigfaltigkeiten. IV, 154 Seiten. 1970. DM 16,–

Vol. 177: J. Lambek, Torsion Theories, Additive Semantics and Rings of Quotients. VI, 94 pages. 1971. DM 16,–

Vol. 178: Th. Bröcker und T. tom Dieck, Kobordismentheorie. XVI, 191 Seiten. 1970. DM 18,–

Vol. 179: Seminaire Bourbaki – vol. 1968/69. Exposés 347-363. IV. 295 pages. 1971. DM 22,–

Vol. 180: Séminaire Bourbaki – vol. 1969/70. Exposés 364-381. IV, 310 pages. 1971. DM 22,–

Vol. 181: F. DeMeyer and E. Ingraham, Separable Algebras over Commutative Rings. V, 157 pages. 1971. DM 16,–

Vol. 182: L. D. Baumert. Cyclic Difference Sets. VI, 166 pages. 1971. DM 16,–

Vol. 183: Analytic Theory of Differential Equations. Edited by P. F. Hsieh and A. W. J. Stoddart. VI, 225 pages. 1971. DM 20,–

Vol. 184: Symposium on Several Complex Variables, Park City, Utah, 1970. Edited by R. M. Brooks. V, 234 pages. 1971. DM 20,–

Vol. 185: Several Complex Variables II, Maryland 1970. Edited by J. Horváth. III, 287 pages. 1971. DM 24,–

Vol. 186: Recent Trends in Graph Theory. Edited by M. Capobianco/ J. B. Frechen/M. Krolik. VI, 219 pages. 1971. DM 18,–

Vol. 187: H. S. Shapiro, Topics in Approximation Theory. VIII, 275 pages. 1971. DM 22,–

Vol. 188: Symposium on Semantics of Algorithmic Languages. Edited by E. Engeler. VI, 372 pages. 1971. DM 26,–

Vol. 189: A. Weil, Dirichlet Series and Automorphic Forms. V, 164 pages. 1971. DM 16,–

Vol. 190: Martingales. A Report on a Meeting at Oberwolfach, May 17-23, 1970. Edited by H. Dinges. V, 75 pages. 1971. DM 16,–

Vol. 191: Séminaire de Probabilités V. Edited by P. A. Meyer. IV, 372 pages. 1971. DM 26,–

Vol. 192: Proceedings of Liverpool Singularities – Symposium I. Edited by C. T. C. Wall. V, 319 pages. 1971. DM 24,–

Vol. 193: Symposium on the Theory of Numerical Analysis. Edited by J. Ll. Morris. VI, 152 pages. 1971. DM 16,–

Vol. 194: M. Berger, P. Gauduchon et E. Mazet. Le Spectre d'une Variété Riemannienne. VII, 251 pages. 1971. DM 22,–

Vol. 195: Reports of the Midwest Category Seminar V. Edited by J.W. Gray and S. Mac Lane. III, 255 pages. 1971. DM 22,–

Vol. 196: H-spaces – Neuchâtel (Suisse)- Août 1970. Edited by F. Sigrist, V, 156 pages. 1971. DM 16,–

Vol. 197: Manifolds – Amsterdam 1970. Edited by N. H. Kuiper. V, 231 pages. 1971. DM 20,–

Vol. 198: M. Hervé, Analytic and Plurisubharmonic Functions in Finite and Infinite Dimensional Spaces. VI, 90 pages. 1971. DM 16,–

Vol. 199: Ch. J. Mozzochi, On the Pointwise Convergence of Fourier Series. VII, 87 pages. 1971. DM 16,–

Vol. 200: U. Neri, Singular Integrals. VII, 272 pages. 1971. DM 22,–

Vol. 201: J. H. van Lint, Coding Theory. VII, 136 pages. 1971. DM 16,–

Vol. 202: J. Benedetto, Harmonic Analysis on Totally Disconnected Sets. VIII, 261 pages. 1971. DM 22,–

Vol. 203: D. Knutson, Algebraic Spaces. VI, 261 pages. 1971. DM 22,–

Vol. 204: A. Zygmund, Intégrales Singulières. IV, 53 pages. 1971. DM 16,–

Vol. 205: Séminaire Pierre Lelong (Analyse) Année 1970. VI, 243 pages. 1971. DM 20,–

Vol. 206: Symposium on Differential Equations and Dynamical Systems. Edited by D. Chillingworth. XI, 173 pages. 1971. DM 16,–

Vol. 207: L. Bernstein, The Jacobi-Perron Algorithm – Its Theory and Application. IV, 161 pages. 1971. DM 16,–

Vol. 208: A. Grothendieck and J. P. Murre, The Tame Fundamental Group of a Formal Neighbourhood of a Divisor with Normal Crossings on a Scheme. VIII, 133 pages. 1971. DM 16,–

Vol. 209: Proceedings of Liverpool Singularities Symposium II. Edited by C. T. C. Wall. V, 280 pages. 1971. DM 22,–

Vol. 210: M. Eichler, Projective Varieties and Modular Forms. III, 118 pages. 1971. DM 16,–

Vol. 211: Théorie des Matroïdes. Edité par C. P. Bruter. III, 108 pages. 1971. DM 16,–

Vol. 212: B. Scarpellini, Proof Theory and Intuitionistic Systems. VII, 291 pages. 1971. DM 24,–

Vol. 213: H. Hogbe-Nlend, Théorie des Bornologies et Applications. V, 168 pages. 1971. DM 18,–

Vol. 214: M. Smorodinsky, Ergodic Theory, Entropy. V, 64 pages. 1971. DM 16,–